U0237544

SHERWOOD DESIGN

黄书恒建筑师　玄武设计隽品集

SHUHENG HUANG

IN SEARCH OF ETERNITY

代序
FOREWORD

品味设计，永恒追求

邱德光
新装饰主义大师

简单风格不等于化约内涵

城市的特殊风貌，来自各个建筑的并陈与交错；光影与空间的完美调和，能够成就内蕴深厚的人文景观。建筑的存在，有其不言自明的权威，空间中的量体，更具有恒久的力量，故而隐身于建筑背后的设计者掌握重大权柄，能操持地域的兴衰，领受传统建筑训练的学生，投身于空间设计领域，遂成为必然且必须的选择。

但是学院派长期将“极简主义”奉为圭臬的作法，却可能造成设计内涵趋向贫乏，假如人们只将注意力放在空间的干净与纯粹，专注于减少视觉的负担，而忽略了“日常生活”的本质，没有观照居住者的个性、情感和日常互动的细节，即令空间确实“简单”了，却将使整体显得苍白无力。我们应以体认，人们不可能永远居住在完全纯净的空间，空间的简单风格也不等于化约内涵，唯有真正关注人们的生活、呈现人们的情感与欲求，才可能使空间的生命绵延不绝。每一位设计者都应了解，建筑师难免犯错，唯有“生活”是不会犯错的，所有设计都必须确实从人本精神出发，是人的行为转化了空间的生命。

“神圣”与“媚俗”的持续思索

随著科技演进，各领域的思想互相激荡，我们应能觉察文化风尚有其生命力度，各种美学的生命周期或有短长，然而生活品味的整合是一条不归路，时尚、风格、符号的对号入座，已然成为21世纪的主流，也是每位设计者无法规避的事实。这个时局的转变，之于我、之于黄书恒都是一回震撼教育，由于出身自同样的建筑背景，我们在早期的创作中，都尽量避免带有装饰意味的设计，甚至将“装饰”直接等同于流俗，是避之唯恐不及的罪恶之物。

著名建筑师洛斯（Adolf Loos, 1870-1933）曾说：“装饰是罪恶”，这句批判并非空穴来风，而是具有历史厚度的时代产物，然而这份阶段性任务已然完成，倘若设计者仍将之奉若神明，那么设计领域必然逐渐窄化，只能服务百分之十的消费族群，因为我们都了解，“设计”并非一条单行道，而更应该是服务多数人的重要产业，一个好的设计者必须具备相当的意愿和能力，更全面地观照客户的需求。

黄书恒借由他的作品，清楚体现了这份“全方位”的意识，显然在职业生涯的中继站，我们不约而同的“入世”、“世俗化”了，选择向更宽广的客户群靠拢，然而如此作为，并非完全捐弃学院的教诲，黄书恒未敢忘怀简约的神圣质性，而是在此同时，也著力于古典意境的极致营造，借由更有品味的装饰表现，提供消费者更高层次的生活情致，这种“神圣”与“媚俗”的反复交辩，是他对人生最强劲的探问，呈现在设计之上，便化为丰富的多样性与延展性，随著消费者的认知、品牌的流行而与时推移，因能灵活变化，故而永不孤绝。

从东方视角展望世界

当今两岸交流日益频繁，不啻为设计者的一大福音，同样作为台湾出身的设计者，我和黄书恒都看见了两岸产业发展的巨大差异。台湾早期虽以多元、创意的文化风气著称，然而因为地理环境的局限，缺乏理解国际事务的意愿，导致眼界逐渐窄化、价值观亦趋向单一；与此同时，中国的主流媒体对于西方事物反倒求知若渴，网络成为广大信息的集散地，这种互通有无、交流频繁的景况，设计产业亦复如是。

举世皆知，中国具备雄厚的经济实力与辽阔疆域，犹如一块强力磁石，吸引著世界知名的设计者，来此一较高下。这些年来，我见识许多专长于酒店设计的国际人才，能将思想充分贯彻于图象中，表里如一，由于彻底掌握设计要领，而能极有效率地完成杰作，我在黄书恒的作品里亦看到了这份动能，唯有清楚自身之所长，了解世界风格趋向，便能够透过实质设计的运作，逐步落实未来蓝图，以此与中国设计界的同辈、后进共勉。

代序
FOREWORD

抽象记忆 v.s. 现实图像

阮庆岳

台湾元智大学
艺术与设计系系主任

初次与黄书恒君的互动，大约是十年前。那时我正在写一本名为《十人》的书籍，主要记录台湾九十年代末期涌现的一批新建筑人，同时观察他们以室内设计为主舞台的作品与现象，而黄书恒正是其中一员。

当时我在书写他的文章里，一起头就这样写着：

‘黄书恒认为东西方文明在人类历史中，一直以一种起落相反、波峰波谷交错的方式出现。也就是一方巅峰时，通常就是另一方低落的时候，而一方蠢蠢欲起时，常也是另一方乏力衰退的时候。’

‘而他相信现在正是双方起落要易手的时刻，西方文明自工业革命以来绝对强势的地位，将会逐渐受到东方文明在新世纪的挑战。黄书恒说：‘尤其像台湾现在这样的情况，因为十分的乱，有许多事不断在发生中，特别能够允许许多新的可能性出现。’他见到同辈中许多人都很努力地专心经营建筑，使他乐观地期待着未来如丰收繁盛花圃的到临。’

十年下来，果然见到黄书恒的脚步与视野，皆显现当初的乐观与积极态度，尤其近几年在大陆的耕耘，更是成果历历。当时，他曾经形容这样乐观的状态：‘我们现在就像文艺复兴时代的人一样，正以积极态度不断摸索未知，试图找到人类文明新的可能与出路。’

我相信这样的乐观与因之的积极性，就是黄书恒做设计时的基本位置。在他那个时期的作品，特别延续着他在伦敦求学时，对于机械装置的迷恋，因此展现了一种将机械科技导入空间设计的特殊美学。黄书恒并对此表达说：‘因为生命本来就是不断变化的，完全依赖静止状态以捕捉生命面貌，是绝对荒谬的，我们必须让空间具有机械般，可与环境互动的能力与优美性格。’

这些都是印象犹深的谈话内容，我觉得即令现在解读黄书恒的作品，也依旧可暂时以此为据，作为探视的了望点。在这些话语里，暗示了对文艺复兴时期的文明能够理性／感性自然交织的向往，也点出此刻的挑战与时代命题。在那本书的序言里，我曾对此议题有些着墨，此处再援引一下：

‘这二元价值的争战，在西方文明史中，本来就有许多前例可参循。米开朗基罗绘于1509年的《洪水灭世》（Deluge）壁画中，大水退去后露出两块大石，各长着象征知识与生命的树，似乎说明内在哲思的生命树与外在理性的知识树，是人类文明再起步的依据。到了近代，人文与科技逐步分家后，二者的对立就显得清晰也严重起来。东方文明里本无这样的二元对峙，但由于近代艺术全盘西化，因此也延续了同样二元断裂的问题。’

‘这种二元性也显现在抽象与具象间的思索。法国艺评家夏吕姆（Jean-Luc Chalumeau）曾以英国画家培根（Francis Bacon）为例，说明游走于二者的可能，他说：‘培根把自己放在类似普鲁斯特之于文学的地位，奋力自我抽离于具体形象之创作。普鲁斯特和培根同样运用他们游离的记忆，此记忆联系了共存于身体的两种感觉，二者层次不同，像两个人持续角力。’[1]

‘这就是抽象记忆与现实图像间的搏斗。空间设计在上个世纪初机械文明大举入侵旧手工文明时，设计人以俄国构成主义的直接面对现实情境，从中寻思外在美学的崭新可能，或荷兰风格派意图以抽象思维回避丑陋现实，寻思另一种乌托邦式的美学，以两种不同方式应对。这当然也反映出设计者应对时代现象时，依赖内在或外在性（入世／出世与内隐／外显）间的差异性解决手法。’

黄书恒近年积极努力于两岸间，成果必当斐然，相信他仍持续推敲这浩大的时代议题。暂且以当年我与黄君对话的片段记忆，爰作为本文的引子及场景，同时衍生一些我个人对时代走向的絮言，算是作为彼此的互勉话语！

注1：Jean-Luc Chalumeau，《西方当代艺术史批评》（台北：艺术家，2002）陈英德、张弥弥译，页39

设计理念
DESIGN CONCEPT

众声喧哗·绚华重生

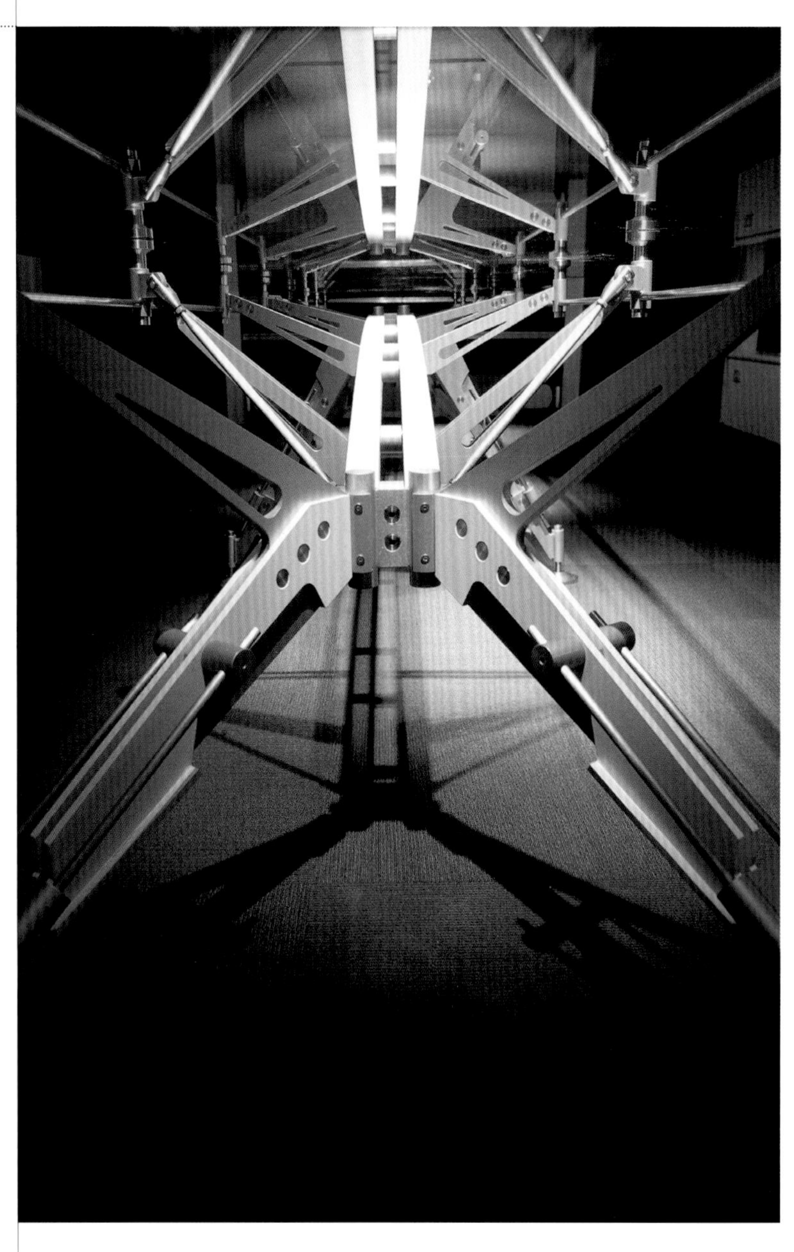

建筑，应该蕴涵直指人心的力量。

建筑大师 丹下健三 Kenzo Tange

空间的设计，跟人有密切的关系，它能跟人和人性产生微妙的情感连接。身为一位建筑师与设计者，曾接受严谨的美学洗礼与精密的技术训练，至今玄武设计仍在专业的场域中，不断探索人与空间互动的无限可能。近年除了在实体的建筑设计中厚植实力，更拓展另一片意象活跃的空间表演舞台，即是‘样板房’与‘售楼处’的设计与建筑。

近年，两岸三地房地产业的兴盛，为样板屋与售楼处带来更宽广的挥洒空间。甚至我们可以审慎而乐观地说：样板房的兴起，某程度地提升了室内设计的品味；而售楼处的推陈出新，也或多或少，刺激、丰富了建筑的创意展现。

虽然大多数样板房与售楼处属于‘临时性建筑’，但奇妙的是，看似有时间限制的建筑与设计，反而更能挣脱空间限制，让创意无限驰骋与超越，而这有限时间河流中的无限创意，正是样板房与售楼处设计的吊诡奇趣之处。

玄武设计

意象隐字书

没有单一特定答案的建筑是有趣的，
也因此感受到建筑中有无限的可能性。

建筑史家 铃木博之Hiroyuki Suzuki

具体来说，有人将样板房与售楼处视为‘实体建筑的意象模型’、或是‘微型建筑’。事实上，如果用更大的想像空间诠释，以创意为经，建材为纬，样板房与售楼处的呈现更像一本‘充满意象的隐字书’。在这本充满无限可能的书中，没有说教或冗长的文字阻挡想像力；人们一旦展阅，各种建筑设计的创意跃然其中，让参观者细细品味，从中寻索自我居宅的意象。

一本精彩的意象隐字书，必然有其收放、对比、抑扬、顿挫、起承、转合。在样板房或售楼处空间中，玄武设计常结合极端不同的设计元素—西方／东方、古典／现代，透过对比反差，用巧妙的设计将其融合、转化，创造不同意象纷呈的戏剧张力。

举例来说，我们曾在得到公共建筑奖肯定的‘台北远雄新都售楼处’一案中，尝试将极古典或神圣元素，放置在极现代的商业空间架构中—从历史建筑里面找寻空间原型、或是具张力的元素，采用新手法与材料让它们重生，参访者因而拥有时空交错的奇趣感受。

愿景真先知

人的生活，
就是不断将自身产生的种种精神意象，
翻译在我们生命的品格上。

微软创办人 比尔·盖茨Bill Gates

建筑，不只是肉体寄居的房舍，更是‘设计者’与‘居住者’思想与灵魂对话的空间。样板房和售楼处作为特殊的建筑形式，似乎是实虚之交界，介乎梦想与现实之间。从前许多人以为，售楼处不过是未来建筑实体的复制版；但玄武设计却期许能在这样的商业空间中，大胆实践设计者的原创精神，却又能准确把握业主营造的期待。

优秀的设计者必须有能力，为未来居住者提出超越现况的愿景。广义而言，样板房与售楼处的设计者如同先知，必须拥有超乎时空的远见与洞察力，从建筑体与未来居住者的深层互动中，挖掘、擘画未来生活与建物的潜能。

空间设计者正如智者，提供可供依循的愿景之光。我们调和了‘原创’与‘创意’(originality and creativity)、‘呈现’与‘再现’(presentation and representation)；透过不凡的剧场效果，传递更多的人文思索、品味诠释、哲学省思。

梦想萌剧场

我把我的梦铺在你的脚下；
请轻柔些，因为你踏着我的梦。

英国诗人 叶慈William Butler Yeats

对玄武设计而言，建筑是以元素、质感和材料表达的空间剧场学，我们理想中的空间，必须外表简洁犀利，优雅迷人；执行任务时，也能精准、俐落地呼应所有功能需求。在内隐—外显、收叠—张放、静止—行动之间，塑造戏剧性的张力关系。

举例来说，我们在'台北上林苑售楼处'一案中，创造了方圆互蕴、虚实相生的水中玻璃屋、象征生命循环的DNA结构的双螺旋楼梯，以及光影变化如管风琴的雕塑白墙、前后倒置的建筑立面，不断延展出剧场的强烈空间感。我们设计的建筑如同一座座小型的特色主题馆，呈现出隽永美感与想象力、实务功能的精确度，以及温暖却强烈的剧场效果。

以'远雄新都售楼处'为例，无论是由外而内的探寻，还是仰望或俯视，圣堂般的磅礴气势，相对空间塑造的沉静氛围，都让人嗅出一丝宗教殿堂或哲学剧场的崇高意味。另外，'大学耶鲁售楼处'一案中，玄武设计更尝试运用中国的五行元素、材质与色彩，打造如同圆顶剧场的新人文能量建筑，透过这一幕幕的空间戏剧，引导参观者与设计者的感动对话，激荡出彼此的梦想与愿景。

故事影响力

建筑，
只有在产生诗意的时刻才存在。

建筑大师 勒·柯布西耶Le Corbusier

高桥朗在《五感行销》中提到：'任何商业行为，其实就是一种沟通的道理。我们要带给客户一种惊喜，才是一种有心灵交流的沟通。也因此，故事与感性在沟通上的重要性，将与日俱增。'

故事之所以拥有强烈的诉求力量，是因为它能刺激人类的所有感官，如同优秀的建筑拥有直指人心的力量。因此，初构样板房与售楼处的设计时，我们希望透过故事轴（story-line）串联所有元素，大多以人为空间设计的主角，配合行进动线铺陈叙事策略，与其说是设计者，毋宁说我们自视为空间的导演，整合演员、灯光、编剧、舞台设计等角色，共同诠释这出空间史诗，让参观者被故事潜移默化，终至与空间合而为一。

一个好听的故事，不能马上把结局呈现在读者面前，它就像福尔摩斯的侦探小说，必须让读者慢慢寻觅。我们希望把惊喜藏在许多小角落，让参观者不由自主地走进去，亲身探索故事的魅力。

比方上海新豪宅'远中风华样板房'一案，我们结合空间的新旧元素，连结历史的跟未来的物件，充分设计时间与空间的轴线，让人进一步思考时间或生命的涵义，东方的建筑元素和西方收藏品的混搭，让参观者思考屋主的身份背景，可能是富而好礼的书香门第，抑或是曾周游各国的退休使节，空间设计里，处处充满故事情节和想象的动力。

记忆栖游居

住宅，是建筑的原点。

建筑大师 安藤忠雄 Tadao Andoi

曾经有一位哲学家说，家跟房子最大的不同是：家是用来储藏记忆的，房子是用来储藏家具的。什么是值得保存的记忆呢？应该是那些，能让人重新唤起生命热情的过往片段。

'家'之所以重要，未必与物质层面有关，而是可以作为心灵休憩之所，在结构稳定安全之外，更能让居住者充分、完全充电。样板房是未来家居的雏型，因此，我们在空间设计中费心安排，让人们的心灵可以畅游，记忆可以栖息。

我们希望空间设计具有深度，如同品酒或者试香，空间的香味不是瞬间释放的，而有所谓'前调'、'中调'，以及'后调'，或是'醒酒'、'观色'、'嗅香'、'啜味'等程序，循序渐进。透过样板房的精心安排，在丝绒与玉石之间，鎏金与浮雕之隙，解放所有参观者的遐想与记忆。

生命新空间

艺花可以邀蝶、累石可以邀云、
栽松可以邀风、贮水可以邀萍、
种蕉可以邀雨、植柳可以邀蝉。

清 张潮《幽梦影》

日本建筑学者石山修武曾说：'建筑是需要他者的。'，我们深有同感。空间之所以动人，正因为人的生命充满丰富而不可测的变化。

设计者当然可以设定空间的基本架构，但是我们的设计必定保持相当比例的'留白'，因为最重要的是，人与人、人与自然的互动，犹如一幅水彩画，蕴含著颜色晕染、水墨浓淡等不稳定因素，而人与建筑的持续交流，能为空间增添无可预料的丰富变化。

如果建筑与设计者的雄心是追求卓越，那么样板房与售楼处的设计，绝对可以是另一种超越后续实体建筑的'先知性建筑'。以中国田园诗人陶渊明的〈桃花源记〉为例，自古以来，我们赞叹〈桃花源记〉情节动人，惊艳其转折力度，却鲜有人知，〈桃花源记〉不过是陶氏〈桃花源诗〉的前序。然而，它的文采与张力，在灵性、美学、哲学的价值，已经远超过〈桃花源诗〉本身，人们大多记得〈桃花源记〉的'彷佛若有光'，却少人知悉〈桃花源诗〉的'旋复还幽蔽'。

序言的光芒掩盖了诗的本体，正如样板房与售楼处的创新设计，可以超越后续的实体建筑，我们乐见于此，也如是自勉。

安藤忠雄曾说：'旅行可以形塑一个人，学习建筑也是一样。'身为不断探索新观念、新价值的建筑师，不啻是一个充满好奇心、乐于出走的行者，我们在旅行中持续转化、且乐此不疲；也在建筑中被改变，不断更新对于建筑设计的观念与创意。

众声喧哗，绚华重生—在人文荟萃之地，值风云际会之时，各式建筑与设计屡创新猷，从设计的精神向度迈向建筑的生命深度，玄武设计深深相信，对所有投身浩瀚学海、无涯创意的建筑行者而言：

这一番壮志，这一趟壮游—才正要开始！

自序
FOREWORD

暮霭沉沉楚天阔

黄书恒
玄武设计主建筑师

‘从我腐烂的躯体里，有花朵长出，而我的灵魂与之重生。此即永恒’
(From my rotting body, flowers shall grow and I am in them, and that is eternity.) —— 名画家 孟克,1863 -1944

化刚为柔——冷钢硬铁铸就建筑美学

九十年代初，我自台湾成功大学建筑系毕业，赴英国伦敦大学(Bartlett，U.C.L)攻读硕士学位。英国，曾号称‘日不落国’的文明国度，有着古典的人文陶冶，同时工业革命带来的科技巨变，也使其文化肌理厚实，成为兼容感性与理性的优雅国度。走在伦敦街头，无论在市井街巷或者专业设施，人们被保存良好、带着浓厚历史感的维多利亚式建筑环绕，历史感在此非但不是一个包袱，反而衬托了新型玻璃钢构建筑，使其熠熠生光。多达三百余间的博物馆、美术馆与艺廊，滋养着人们的文化气质，有趣的物事俯拾皆是，‘美学’不是刻意求取的智识，而是垂手可得的生活经验。

负笈英伦时，我经常流连伦敦科学馆。犹记第一次无意间逛进伦敦科学馆时，便深深地被内部巨大而丰富的馆藏品所震撼，馆内系统地介绍西方科技的演进，利用编年史的方式，按照年代、学科顺序，将古老的科技物一字排开，从工业革命延展至今，深入浅出地介绍科学演进，例如人类的移动史—由轮子的发明论起，到瓦特的蒸汽机、第二代内燃机，终至现代汽车的六缸引擎。这些设备确然已为时代淘汰，其元件却仍然保存完善，或以剖面，或以互动式展示，民众可借由亲手操作物件了解科学原理及时代脉络，这种巨细靡遗、将科技与生活紧密贴合的展现方式，鲜见于传统东方社会。以现代眼光而言，这些机器的功能无疑远远落后，但这无损其构造与外型流泻出的和谐美感，甚可与现代建物一较高下。这些物事横陈于前，彷若为我旋开时空通道的大门，这些科技物犹如文明胜景的‘证据’，为古老的英国留下了璀璨的见证，也导引我开始思索，当十八世纪的英国人沉醉在发明创新的喜悦之中，身处海洋另一端的东方国度，又是如何光景？

忘返于博物馆的日子，启迪我对建筑的想象，当创作遇到瓶颈时，我时常赶赴博物馆，灵光就闪现于走笔之间，这段时间的训练，让我逐渐发展出自身的美学理想：一方面，机械具有直观美感，其服膺物理力学知识、借由大量制造的手法，能让冰冷的机械勃发壮观的气势；另一方面，人们担忧一旦将机械元素掺入建筑之中，将使空间流于冰冷、生硬，此观点诚然有其缘由，却无须过度忧虑，因为机械终究是为满足人类需求而存在，人类始终掌握运用权柄。若能完美融合机械与建筑二者，更可能创造随着地貌、气候变化，符合一切机能的‘形变空间’。完美呈现人类与大自然互动姿态的建筑，正是建筑美学的重要趋势。

紫气东来——东方的文艺复兴

根据日本学者村山节提出的‘文明法则史’，东西文明始终以波峰波谷交错的方式出现，两方势力发展的曲线，恰好形成一个互补的轨迹，当一端文明发展至极盛，即是另一端衰落之时；一方逐渐迎向繁华，即是另一方失势的起始，如大唐帝国的繁荣与黑暗时代的萧索、太平天国的混乱和工业革命的进步，都是历史的清楚例证。

当文明的曲线行至顶点，意味着人们处在国富民强的昌盛时代，然而这个顶点的百花齐放，在曲线的起始就开始酝酿。工业革命的狂潮并非一蹴可几，而是早在四百年前的文艺复兴之时便已打下根基，放眼当代，东西方文明再度来到起落的关键，自工业革命以来，长期处于强势领导地位的西方国家，将逐渐面临东方力量的挑战，中国自明末清初以来的紊乱世风，已逐渐为时间涤洗，其众所周知的崛起之势，正标志着新东方文艺复兴的来临。

文艺复兴时期的艺术家受限于外在时空条件，只能‘假复兴之名，行创新之实’，在有限的创作环境里挥洒无穷创意，创新精神带来的艺术活力，终让此时期拥有百家争鸣之繁花胜景；我们何等幸运，能置身于发展的关键时代，然而‘新东方文艺复兴’是否可能，端视我辈如何省视自身—我认为，‘持续创新、积累智慧’，始终是昌盛之始，尤其东西文化交流频繁，掌握个中火花，便能成为创作的无穷灵光，我们的辛勤耕耘能成为撼动未来文明波动轨迹的支点，使下一代的成就达致极峰，由此观之，当代人或许尚难拥有极致成就，却具备无可推诿的重大责任。

无为亦有——意念是永远的技法之师

中国崛起，犹如一块强力磁石，吸引了各国的财富与菁英，也因其幅员广大、人口众多，遂成全世界设计菁英的竞技与实验场，但是，此场域也因其无限无穷，包容着人们崭新的想望，然而'只可远观'的失败作品亦所在多有，这些'二手级的大师杰作'（second-handed masterpieces）所显示的是，中国在当今世界舞台确然有一席之地，然而于文艺、建筑、美学的领域，她仍有漫漫长途等待探索。

这个难题主要来自两部分。一方面，东方虽已渐有政经大权，但当前文化、艺术、美学等主流判准，仍由西方国家操持，中国由于长期处于弱势位置，未能了解自身哲学之殊异，亦无争取'文化发言权'的足够自信，而时代巨轮既已流转至此，唯有让独特的文化元素进入现代艺术设计，中国才能发展出与西方分庭抗礼的可能出路，中国能否趁势而起，御风而行，寻得新文明的崭新出路，是设计者避无可避的课题。

另一方面，经济的蓬勃发展亦隐含着危机，物质洪流席卷了人们，金钱欲念让文化排序一再退后，以西方建筑马首是瞻的结果是，大量制造的帷幕大楼取代了古老的园林庭苑，橡皮图章式的商业楼宇耸立如林，让人不解身在何地，缺乏美学底蕴的支撑，建筑只能流于设计者的炫技场，齐整的景观背后，其实标志着独特的地域性及趣味性的消逝，这份'进步'实无益于城市的文化美学。

金庸名着《倚天屠龙记》里，武当派宗师张三丰传授太极剑法时，特别强调自己想传授的是‘意念’，如果能真正了解‘太极’的本质，其意义充塞于耳目手足，人的一举一动都可幻化为招式的一部分；同理，如果能领略建筑的本质，自然‘无处不可建筑’—‘忘形存意’，应是所有艺术的核心，设计不只是‘文以载道’，更是一种多向的沟通，必须‘言之有物’；以此检视当代中国建筑，应是着力于精髓之掌握，如唐朝文人刘禹锡的〈陋室铭〉的名句：‘山不在高，有仙则名；水不在深，有龙则灵。’—脱除度量的拘束，直探艺术核心，从古老的历史文化淬出新意，在一片媚俗之风里，仍能保有清明而神圣的追求。

东方的文艺复兴是否可能，端赖我辈以文化作为创作根基，发挥文艺复兴时期的开拓与创新精神，将设计者的想法透过空间语汇完整传达，继而影响人们的经验，让古老哲学的隽语化为今朝街市的荣光，以光阴为笔，书当代之诗。谨以此书与建筑业先进、同侪共勉。

学历

1985~1989　国立成功大学建筑学士

1992~1994　英国伦敦大学建筑硕士（荣誉学位）
Diploma in Architecture With Distinction
Bartlett School of Architecture
University College London

经历

2010~迄今　上海丹凤建筑工程有限公司主持人

2004~迄今　玄武设计主持人

1998~迄今　黄书恒建筑师事务所主持人

2002~2004　台湾民间文化基金会董事

1998~2004　七观国际有限公司设计总监

1997~1999　铭传大学建筑系专任讲师

1997~1999　淡江大学建筑系兼任讲师

1995~1997　台北市政府建管处帮工程司

1994~1997　实践大学空间设计系兼任讲师

荣誉

2011　JCD日本商业空间大赏Best100（远雄金华苑接待中心）

2011　现代装饰国际传媒奖 年度最佳展示空间（台北花卉博览会梦想馆：花卉迷宫）

2010　新浪网人物专访：空间的导演黄书恒，玄武设计的七个策略

2010　‘大师听我，我听大师系列论坛演讲：中国未来的住宅设计’

2009　IAI Excellent Award—Chinese Style 亚太室内设计菁英奖（远雄新未来样品屋）

2009　北京文博会台湾受邀设计师

2008　第四届海峡两岸四地室内设计大赛 住宅建筑类特等奖（远雄新都样品屋）

2008　第四届海峡两岸四地室内设计大赛 公共空间类铜奖（远雄新都接待中心）

2008　CIID 郑州年会暨国际学术交流会，台湾受邀代表

2008　江南之韵室内设计创意产业发展潮流高峰论坛，台湾受邀代表

2004　台湾太鲁阁公园多功能活动中心竞图首奖

2004　台湾史前文化博物馆南科分馆规划案竞图首奖

2003　‘Contact+Design’上海国际设计论坛，台湾受邀代表

2002　空间设计菁英奖（室内杂志，美兆文化事业）

2001　DETAIL'02年度最佳空间设计细部规划（家饰杂志）

1999　金室奖（室内杂志，美兆文化事业）

1995　台北国际竞图‘旅人驿’Taipei International Competition ‘Traveler's Refuge’

1994　格兰帝斯国际细部竟图佳作
Commendation, Gradius International Architecture Competition in Detailing

1994　伦敦大学技术论文奖‘形变的空间’
Commendation, Technical Dissertation ‘Space of Transformation’

1994　建筑硕士（荣誉学位）
Diploma in Architecture with Distinction

目录

CONTENT

1 SHOW FLAT & HOUSE

风格交响曲

2 SALES CENTER & CLUB

空间剧场学

3 ARCHITECTURE & EXHIBITION

科技新语汇

先哲曾言："房子，用来存放家具；家，是用以储存记忆。"

一个机能完善的居所，显示从物质层面的遮风避雨到精神层面的思维转变，

"家"允许人们安身立命，同时也让人们不断积累生命厚度，

因此空间设计必须与生活情状紧密贴合，并服膺每个需求与想望。

是人们生于斯、长于斯的生命故事，让"家"脱离了钢筋水泥的生硬，

成为与人性紧紧相连、自血肉而生的温暖场域。

我喜爱纷呈并置各种元素，历史与未来的交辩、东方和西方的混搭，

或者古典融于现代的表现，这些视觉的冲击非为炫技存在，

而是为了让设计者与居住者持续交流、激荡出更多火花，

我们试图以多元思维为基底，了解外界脉动，

尝试为不同需求的人们呈现空间的丰富风格——

"家"的形貌，因而变得深邃而立体。

SHOW FLAT & HOUSE

风格交响曲

Show Flat H65-A2

现代巴洛克 Modern Baroque

黑与白的温柔香颂

远雄

新都样板房

2008 第四届海峡两岸四地室内设计大赛 住宅建筑类特等奖

两极元素成就空间韵致

美感的迸发，有时来自二维的并置与交辩。无论东方vs.西方、现代vs.古典、科学vs.玄学，当选定主题风格时，设计者可以运用或融合两极元素，巧妙地将之作为装饰语汇，激荡出新奇的诗意与美学。

以巴洛克风为例，表现的是力量与富足的装饰风格，本案取其精神内涵，而去其繁复花俏，在华丽而富变化的风格里，用色不再夸张，描金只在细节中含蓄表露，摆设线条虽简洁，巴洛克的精细作工在细微处里仍幡然可见。

Black and white is whispering in the wind

Sherwood Design again makes an innovation by using opposites and mixing styles to create new vocabularies of design. Classical Baroque used exaggerated motion and clear, easily interpreted details to produce tension and exuberance, but now Sherwood design replaces them with smooth and round shapes to produce enjoyable visuals. Modern Baroque expressions now hide its gestures in details refined by white and black, just like the ebony and ivory play piano in harmony.

1. 玄关 2. 穿鞋间 3. 客厅 4. 前阳台 5. 书房 6. 餐厅 7. 开放式西厨
8. 中厨 9. 工作阳台 10. 佣人房 11. 客用卫浴 12. 主卧室 13. 主卧更衣室
14. 主卧卫浴 15. 客房 16. 次卧室 17. 次卧更衣室 18. 次卧卫浴

座落位置〉台北市内湖区
面　　积〉330平方米
主要建材〉银狐石、白色冷烤漆、特殊壁纸、南非黑石材
参与设计〉欧阳毅、许宜真、蔡明宪
软装布置〉胡春惠、胡春梅
完成时间〉2008年8月

Location〉Neihu District, Taipei
Size〉330 m^2
Material〉wallpapers, marble, baked painting
Designer〉Yi Ouyang, Yizhen Xu, Mingxian Cai
Furniture〉Chunhui Hu, Chunmei Hu
Time〉August, 2008

华丽却不夸耀的古典语汇

入口的镭射大理石双圆图案，对应玄关的镂空圆线相嵌屏风，让整体氛围显得低调而大器。古典语汇以圆弧营造和谐情调，使观者沉醉其中。圆形雕饰的天花板下，深褐色烛台缀链吊灯将圆桌、收边角的餐椅映照在餐厅背墙的墨镜上，情境华丽而不致浮夸。

对颜色的低调拿捏，掩不住细部的丰富耀眼。乳牛图案的双交椅、法式白凹凸浮雕背墙、银色描花墙纸、单椅沙发与台灯罩，都是黑、白、银轻舞的衣裳。色彩刻意冷冽单纯，创造虚离傲世之感；造型重复堆叠，让人目不暇给。

夜幕催亮了城市华灯，在明亮的廊室内围坐品酒，
谈笑家国，彷佛有乐曲轻轻回荡于耳目之间。

烛台吊灯明朗了一室沉静，黑白色调之中，水晶与银饰的交陈并置，掩不住生命的流丽气度。

重复不庞杂　单纯不单调

旧时的壁炉，到现代为电视机所取代，反映着现代生活中心的移转，黑白岗石强调的电视柜设计、长沙发、更衣室门片，“简单”就是所有优雅的基调。缓步在此美丽庄园之中，柔和而经典的气息，似乎在空间中轻盈跳跃。

如同黑键与白键的交错，优雅跳跃的银边似是休止符，音符般的意象此起彼落，在空间中演奏一首隽永的香颂名曲，不只让主人留恋依傍，更让来访的每一位客人流连忘返，聆赏醉心。

简洁的卫浴，只以金线稍加点缀，洁白的磁砖
让氤氲蒸腾而上，记忆缓缓翻涌……

The modern style furniture wearing black, white, and silver clothes culminated in a sequence presents dynamic visual effects of the rich interiors. Grandeur but not void, low profile designs but can't conceal the richness. Decorated round ceiling, round table, fake colonnades, trimmed margins of chairs and decorated panels, all of them converge in the dark mirror on the wall of living room create light and shade, painterly color effects. As if there are many ensembles dancing in the room accompanied with a gently chanson, enchanting and entertaining.

Show Flat H86-A3
现代巴洛克Modern Baroque

魔幻眩目的超现实舞台
中央公园样板房

勒柯布西耶（Le Corbusier）在《迈向建筑》一书中曾说："建筑是量体在阳光下精巧、正确、壮丽的一幕戏。"，对玄武设计而言，室内设计也是一个由艺术元素、材料质感和视觉节奏所表达的一门剧场学，我们常像个安排空间的导演，让空间富于戏剧效果，在内隐—外显、收叠—张放、静止—行动间，塑造戏剧张力，营造令人惊奇的空间奇趣。

巴洛克风格的特征是华丽、力量、富足，服膺着十七世纪的欧洲，向外扩张、追求财富的时代氛围。一方面发展科学，同时也因为不断征战而动荡，故巴洛克风格喜用繁复、富丽的流动线条表达强烈感情，玄武设计掌握其中艺术精神，去芜存菁地以黑、灰、白为色彩基调，加上少量金、银勾边与装饰，辅以亮面材质、水晶、玻璃产生的光影，用视觉动静的极度反差，激荡出新奇前卫的巴洛克美学。

An ostentatious and joyous fair: Modern Baroque

Baroque is characterized as an emotional, exaggerative, dramatic, and robust style in the 17th century Europe, which extols its wealth and progress in the golden age. Sherwood design grasps the essentials of Baroque and tries to revive the spirit of it with contemporary contents.

Instead of heavy decorations, black and white colors are considered as the basic essences for the space. Shining surface and shadow flows creating the visual effect compose a progressive and experimental modern Baroque opera.

座落位置〉新北市新庄区
面　积〉330平方米
主要建材〉酸蚀灰镜、黑云石、银狐石、土耳其黄、墨镜、银箔
参与设计〉欧阳毅、陈怡君、蔡明宪
软装布置〉胡春惠、胡春梅
完成时间〉2011年2月

Location〉Xinzhuang District, New Taipei
Size〉330 m²
Material〉
mirror, silver, granite, marble
Designer〉
Yi Ouyang, Yichung Chen, Mingxian Cai
Furniture〉Chunhui Hu, Chunmei Hu
Time〉February, 2011

1. 玄关 2. 衣帽间 3. 客厅 4. 书房 5. 餐厅 6. 外厨房 7. 内厨房
8. 工作阳台 9. 佣人房 10. 佣人卫浴 11. 冷气机房 12. 客用卫浴 13. 次卧室
14. 次卧卫浴 15. 客房 16. 主卧室 17. 更衣室 18. 主卧卫浴 19. 前阳台

嘉年华式的感官欢愉

赏析本案，如同观赏一出以浮华人生为主题的超现实歌舞剧，提供观者突破框架的想像力、混合梦境与现实的虚幻效果，以及强烈反差形成的戏剧张力，借由线条、图腾、装饰与家具层层开展，传达空间的丰富动感，让每一位参访者随着空间铺陈而舞在其中。

空间要素如同嘉年华会的狂欢舞者，以造型装扮抢夺目光，舞出感官欢愉。客厅的银色雕柱与黄金纹饰、雪白圆柱与绸缎布面，简约与繁复于此并行不悖；玫瑰花形垂下的水晶吊灯，光影洒落于雕饰之间，营造出现代巴洛克的华丽和沉静；设计者利用灰镜酸蚀的技术，使墙面浮出花草图饰，远观流泄一股静谧之气，近看却能让人惊喜再三；凹凸浮雕背墙、壁炉电视柜、门片与柱廊等处，以黑白两色石材，将浮华巧妙地转化为优雅气质。

空间细节充满巧思，如法式布帘与纱帘的倒置、精雕细琢的鞋柜把手、金色小孩的灯具、Ghost的经典设计椅与圆柱雕饰的镜面倒影，让人处处惊喜，犹如嘉年华会中不时出场的诙谐角色，将气氛炒热到高点；黑白棋盘地坪即是嘉年华会的大舞台，让所有角色轻盈跳跃、流连忘返，终至醉卧在这场巴洛克盛会中。

捻亮一盏昏黄灯光，缓缓摊开书页，让静谧的氛围洗涤一日的疲惫。

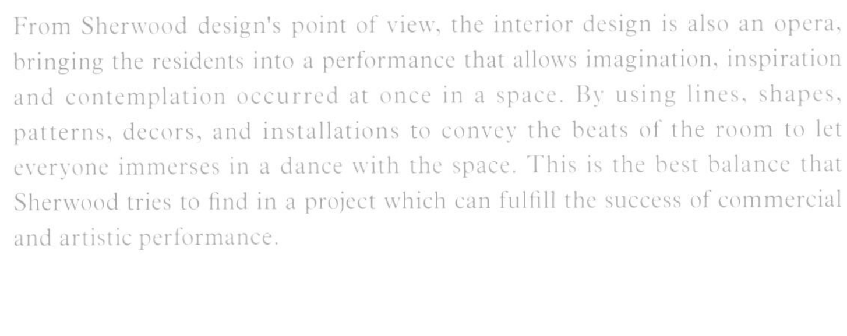

From Sherwood design's point of view, the interior design is also an opera, bringing the residents into a performance that allows imagination, inspiration and contemplation occurred at once in a space. By using lines, shapes, patterns, decors, and installations to convey the beats of the room to let everyone immerses in a dance with the space. This is the best balance that Sherwood tries to find in a project which can fulfill the success of commercial and artistic performance.

浮华人生的细腻沉思

这场“超现实”的巴洛克展演，是设计者对于现况的嘲讽，在房产的泡沫游戏之中，人们对于住宅形式的夸张演出浑然不察，设计者有意将空间设计作为舞台，施展对于虚假现实的基础抵抗；这出“雅俗共赏”的空间大剧，同时也是设计者在艺术性与现实的商业需求间，企图取得的最大平衡，即便是必须极度夸耀设计手法的售楼处，也要运用元素持续创造惊叹，让感受突破框架限制，正如“玄武”兼具蛇的灵动与龟的踏实，玄武设计未来也将秉持强大的创意以及踏实的执行能力，持续追求心中最崇高、伟大的建筑空间。

绢花地饰，璃丝窗纱；几何壁纹，粉彩画作。或华丽或简约，都成就了个人舞台的独特景致。

Show Flat H66

新东方风 Neo-Oriental

珠纱轻旋淡金华
大未来样板房

座落位置〉新北市林口区
面　　积〉320平方米
主要建材〉烤漆玻璃、木皮、金箔、钢琴烤漆、
观音石材、马鞍皮
参与设计〉欧阳毅、许棕宣、蔡明宪、许宜真、
软装布置〉胡春惠、胡春梅
完成时间〉2008年1月

Location〉Linkou District, New Taipei
Size〉320 m²
Material〉glass, wood,leather, baked painting, granite
Designer〉
Yi Ouyang, Zhongxuan Xu, Mingxian Cai, Yizhen Xu
Furniture〉Chunhui Hu, Chunmei Hu
Time〉January, 2008

老风新声　中国风的沉韵飞扬

本世纪以来，东方思想重启历史新页，其丰富的文化内涵不但引起全球关注，同时也成为设计界的源泉活水。尤在中国经济崛起之后，东方国家赢得更多文化发言权，向来重视精神和伦理价值的东方文明，其焕发的活力与包容度，更让设计者前仆后继地投身其中。

“新东方文艺复兴”表现着人与自然共生的体悟、优雅沉吟的气韵，以及文化语言的创新与结合，时间将文化去芜存菁，呈现“新中国风”的沉厚气韵，玄关大理石地板镌印的古雅图案，正是最灿烂的见证。撷取自西方宝藏铜锁的图腾，经过设计者灵巧转化，呈现悠长的中式情韵，意味分明的图腾一如“家徽”，标志此空间的大器与品味，中西混搭的豪宅风华，由此可见一斑。

Turning old images into new forms: from old China to a new one.

In the 1930s, Shanghai flourished as a center of commerce between east and west, and became the undisputed financial hub of the Asia Pacific. Today, it has been described as the 'showpiece' of the booming economy of mainland China. A mansion at this prosperous city should also be a showpiece of the wealthy and successful owners.

But Sherwood Design avoids those extravert and gorgeous style to make a show-off; it gets rid of those excesses and keeps the essence of the grandeurs. Mixed oriental and western culture is the unique characteristic of old Shanghai style and it has been contained in the blood of Shanghai's culture. Sherwood design believes that it is time for our generation to explore new dimensions of its values and applications, who concludes this attempt as 'Neo-Oriental' style.

1. 玄关　2. 客厅　3. 前阳台　4. 起居室　5. 餐厅　6. 开放式西厨　7. 中式厨房　8. 佣人房　9. 佣人用卫浴　10. 客用卫浴　11. 客房　12. 主卧室　13. 主卧室卫浴　14. 主卧更衣室　15. 次卧室　16. 次卧更衣室　17. 次卧室卫浴　18. 阳台 19. 工作阳台

意兴霞飞　上海风的婉约自在

上海的历史背景成就独特的租界风格，中西并融于同一地景，东西文化激荡为殊异的人文景观。现今兴起的"新上海风"，强调不带夸饰的低调奢华，不以传统的金银龙凤符号标示宅门地位，而以兼容并蓄的陈设取而代之，打造东方大器宅邸的同时，也让家宅回归静心的本质。

有人藏富于屋，有人藏富于心，住宅设计也是如此。玄武设计避开雕梁画栋的俗艳，删去金碧辉煌的夸饰，撷取古典与现代的意涵，成就霞飞意境的精致场景。

Sherwood design uses metaphors like heraldry which traditional images to express the properties of Chinese cultural, and tries to realize the goal in Chinese philosophy, the coexist with nature, to make the house return its original essence that allows people settle down not only their bodies but also their soul.

花纹木格分隔空间，折起的屏风留待细致的思量。
一个踱步，一个驻足，在分秒间烙下人生的永恒。

小灯投影在黑纹镜面上，留驻人们的身影；室内溢满清朗的光线，掬一把清水洗去脸上的疲倦，恍然惊觉："这便是时间了…。"

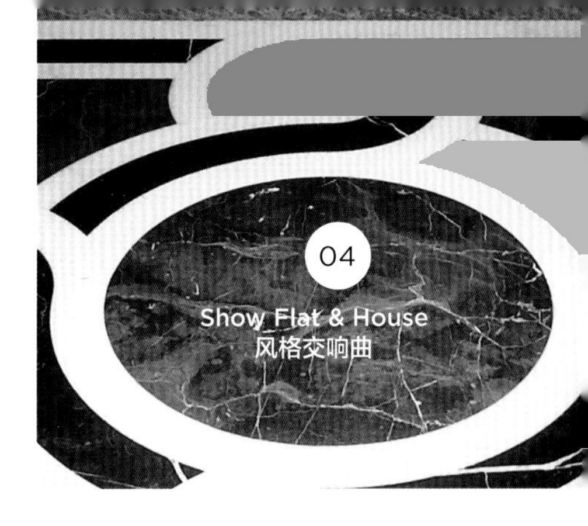

古意新铨　流丽中国

所谓“新中国风”，在于援引中国文化、生活中的传统意符，经过与现代精神、技术的结合，呈现色彩、气韵、意境的创新表达。

本案大量运用传统的中国空间语汇，如屏风、灯笼、桌儿、织品、花艺、瓷器等装饰性语言，撷取其精神内涵，改造线条、转化象征，重新陈列设计，使其融会于空间之中，铺陈全新的中式风格。

Traditional formations in exquisite taste

Modern Chinese designs adopt a lot of new essences, assimilating the western innovations to a new lifestyle. Sherwood design strikes a fine balance by combining tradition and contemporary together, to lift the traditional Chinese style up to a more vibrant, relaxing, cozy and exquisite living space.

Show Flat H48-E1

新东方风Neo-Oriental

古屏银韵绽芳彩
新未来样板房

2009 IAI Excellent Award—
Chinese Style 亚太室内设计菁英奖

座落位置〉新北市林口区
面　　积〉277平方米
主要建材〉黑檀木、柚木、橡木染灰木皮、雪白银狐石石材、深浅金锋石石材、黑云石石材、金箔、茶镜、订制雕花板、进口壁纸、进口马赛克
参与设计〉欧阳毅、陈佑如
软装布置〉胡春惠、胡春梅
完成时间〉2008年08月

Location〉Linkou District, New Taipei
Size〉277 m^2
Material〉
ebony, teak, oak, granite, marble,
gold foil, carved plate
Designer〉Yi Ouyang, Yoriu Chen
Furniture〉Chunhui Hu, Chunmei Hu
Time〉August, 2008

1. 玄关　2. 穿鞋间　3. 客厅　4. 前阳台　5. 餐厅　6. 书房　7. 厨房　8. 工作间
9. 工作阳台　10. 储藏室　11. 客房　12. 客用卫浴　13. 次卧室　14. 次卧卫浴
15. 主卧室　16. 主卧卫浴　17. 更衣室

浑然天成　神秘优雅

入门处的黑色独立屏风与织品，画龙点睛的导出空间的神秘与优雅。玄关大理石地板的通宝与中国结图腾，让参访者甫一踏入，即为独特的中式华丽所震撼。玻璃筒状的烛型吊灯，如一只透明灯笼，与地板印花相映成趣，金框镜面衬着黑色条栅式屏风，流泻中国古典宫廷的典逸之气。

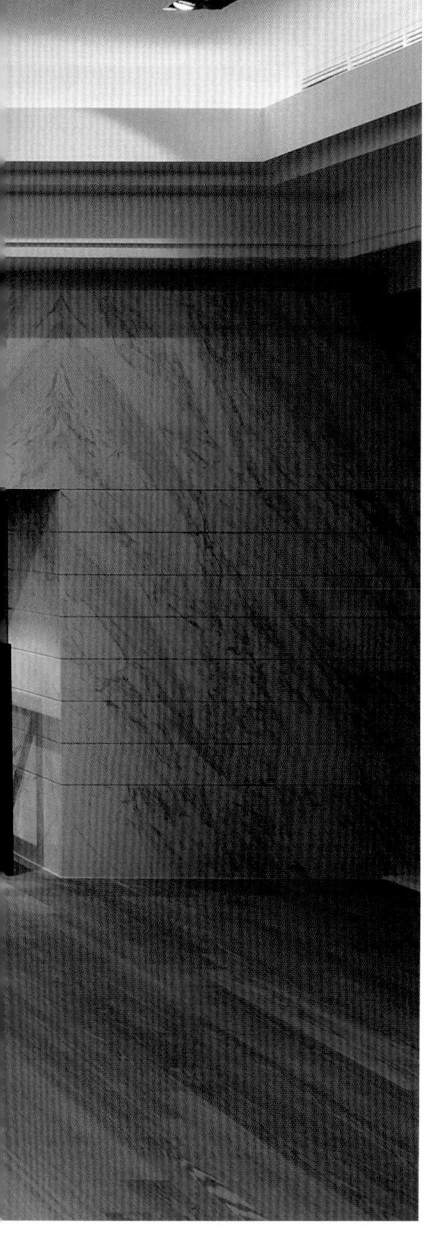

客厅银狐大理石壁面，置入突出的黑云石电视柜体，现代科技与中式空间自然合而为一，柜旁刻意挖空，置入镜面与中式桌几、摆饰，空间的意蕴因能深入浅出，令人眼前一亮。屏风是过渡空间常用工具，客厅沙发背后置入中式风格屏风，拉高尺度、透空的几何造型，与开放式书房相邻，创造出一个若即若离的共用空间。白色筒形灯笼改造的吊灯轻悬半空，光影隐动，照亮一室的高雅与尊贵。

人文情思　情深韵远

餐厅摆设与壁面图案延续新中国风的古典品味，而书房与主卧的家具线条却力求简单，只在无意间流露一丝东方情韵，书房沿用灯笼式立灯，引入中式几何拼花屏风，织品在灯光照拂下，显出低调而饶富韵致的质感。最特别的是开放式更衣间，其延续空间一贯的简约，唯以深色玻璃维持适度隐私，隐含几许东方的神秘意味。

熟谙中西合璧技巧的美国设计师Kelly Wearstler表示："传统中式风格的奢华浪漫，结合现代室内设计的简洁优雅，焕发出新的魅力。"本案秉持着如是精神，设计者运用了中国文化里情深韵远的空间语汇，打造出典雅的中式豪宅，不以"画栋雕梁，龙凤争春"的俗艳取胜，而有"画堂人静，朱阑共语"的人文情思，着实将新中国风的古典魅力，发挥到极致。

TOTO

The arrangements of this house are full of flavor of colors, patterns and opulence in interiors, which depict historical characters and legendary scenes in vibrant or striking color palettes. The floor with ancient formations, marble wall, ornate furniture, plaques and folding screen, lantern lamps, embroidered silks and rich, opulent fabrics upon which these very striking statement pieces induce us to have a fancy, exotic but comfortable experience.

Modern ways of living are redefined by traditional elements that need not to compromise on style. Sherwood design builds up a brilliant example of Chinese style mansion, an enchantment place to lead us to low-key luxury.

Show Flat H48-D1

新东方风 Neo-Oriental

笔走狂草 沉醉东风
未来之光样板房

座落位置 〉新北市林口区
面　　积 〉316平方米
主要建材 〉蛇纹石、银狐石、黄洞石、墨镜、雕刻玻璃、深色木皮
参与设计 〉欧阳毅、詹皓婷、蔡明宪
软装布置 〉胡春惠、胡春梅
完成时间 〉2010 年10月

Location 〉 Linkou District, New Taipei
Size 〉 316 m²
Material 〉
granite, marble, mirror, carved glasses
Designer 〉
Yi Ouyang, Haoting Zang, Mingxian Cai
Furniture 〉 Chunhui Hu, Chunmei, Hu
Time 〉 October, 2010

融情于景　取法古典的现代工艺

玄武设计沉潜于建筑结构与空间铺陈，导入东方人独有的悠然风范，轻描淡写之间，可见得存乎深厚建筑学理的机能主义，再现以情为主，佐景为客的优雅景观，构成生活艺术的美学基因。

The space is filled with ‘Zen’ through designs

It is not necessary for New Zen style to be very clean, pure and radical. It can be illustrated in ways that gets people excited by its furniture, decorations, patterns and little objects demonstrating the truly oriental manners. Designs allow people easily convert their mind set through the colors and shapes, and remove partitions to expand sights freely.

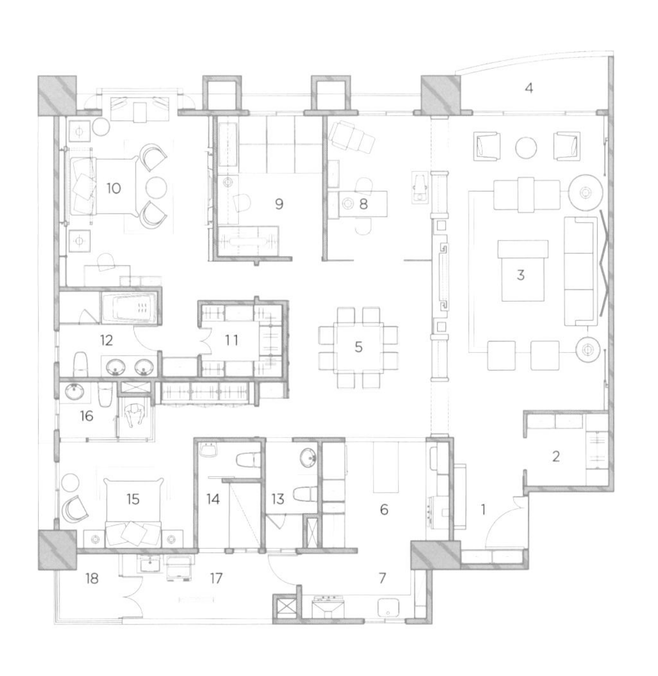

1. 玄关　2. 衣帽间　3. 客厅　4. 前阳台　5. 餐厅　6. 外厨房　7. 内厨房
8. 书房　9. 和室　10. 主卧室　11. 主卧更衣室　12. 主卧室卫浴　13. 客用卫浴
14. 次卧卫浴　15. 次卧室　16. 次卧卫浴　17. 工作阳台　18. 机房

构筑泱泱气度　宁静致远居自在

东方人向来重视厅堂门面，设计者撷取符号隐喻，借由对称的软性家俬，不着痕迹地引导屋主的生活机能，以行云流水的墨韵促动视觉的跳跃，引导场域的跌宕变化，阅读空间时不难窥见文化的深厚底蕴。选择湛蓝色沙发作为客厅焦点，为空间设计的一大突破，拥有大海般宽广、无所限制的包容度，体现东方的隽永气度。承袭西式美感的单件家具，在东方性格的领域里无损原有气质，借由相异美学的融合，激荡出绝美风韵。

龙飞凤舞的墨迹，是思虑的显现，勾勒运命的走势，提笔、悬腕、勾勒……按捺之间，彷若有神。

书院式喻景　虚实之间美不胜收

〈兰亭集序〉里，所谓“游目骋怀，足以极视听之娱。”，窗棂之美让视线流连忘返，形塑餐叙情境的唯美气质，玄武设计兼容东西，让传统东方的门扉，摇身一变成为兼具隔间与造景效果的利器，以“天圆地方”的架构规划出完备的用餐区，以缓步渐升的立体线条阐述圆融精神，经典的造型家俬于动线中自成一格，文人雅士不单追求物质空间形态的创造，更注重由景观引发的情思神韵。

提升心灵层次的真善美

白居易诗云："人间有闲地，何必隐林丘。"心灵的自在悠闲，在卧眠空间的设计中反映地尤其鲜明，伴随光线的多重演绎，沉静气息烘托出柔和基调，点点光色透过家俬的温柔诠释，凝化为单纯却令人心动的舒适感，设计者特意简化不必要的色彩与装饰，回归内在精神的升华，表现悠容自在的禅境。

Sherwood design applies many modern strategies to the house which is inspired by traditional methods and techniques to turn the home into a sanctuary, a place of soothing tranquility allows people to escape from the rush and busyness of the outside world. Throughout your daily life and work, you can cultivate a calm, clear, pure, and opened attitude in home as well as on your mind.

Show Flat H85-A3

新东方风New Oriental

花藤蔓舞现朴真
海德公园样板房

日式皇家 内隐金华

众所周知的皇家风格，应该充满富丽堂皇、鎏金光影等元素，这些奢华的设计元素应该不会出现在传统日式风格的设计，但在台北新庄，标榜为贵族豪宅的系列建案中，竟有一处以“日式皇家”风格为诉求，将日本的简素纤细，与闪耀如碧的奢华融为一体。

Interpretation of luxury in sophisticated green

Japanese style is a super look for a modern home-sleek, sophisticated and beautiful-fulfilled a relaxed, calming and ordered feeling.

If someone asks you about the topics on Japanese style, few will answer the words such luxurious, extravagant, resplendent and cluttered. Sherwood design deliberately embeds the delicate Japanese soul in materials choice for expression the luxurious and wealthy that creates a conflict between two extremes and makes a balance between East and West.

座落位置〉新北市新庄区
面　　积〉264平方米
主要建材〉蛇纹石、银狐石、黄洞石、墨镜、雕刻玻璃、深色木皮
参与设计〉欧阳毅、李宜静、蔡明宪
软装布置〉胡春惠、胡春梅
完成时间〉2010 年10 月

Location〉Xinzhuang District, New Taipei
Size〉264 m²
Material〉granite, marble, carved glasses
Designer〉Yi Ouyang, Yijing Li, Mingxian, Cai
Furniture〉Chunhui Hu, Chunmei Hu
Time〉October, 2010

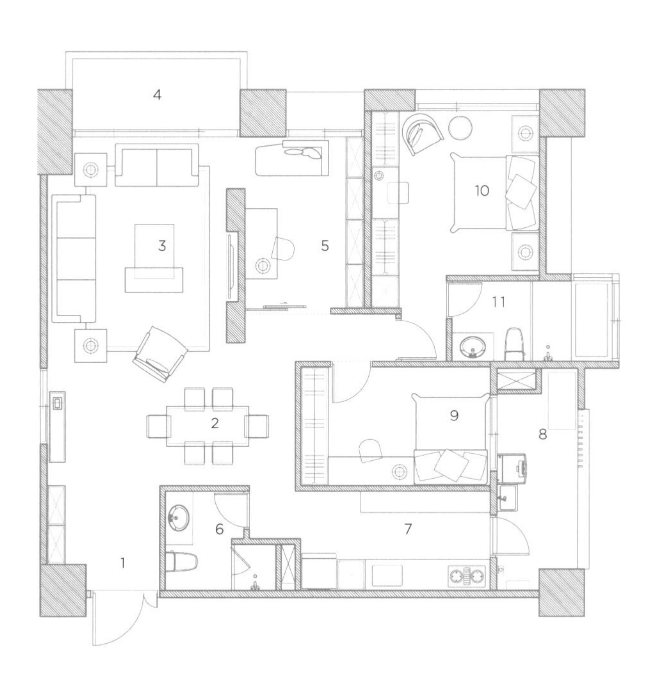

1. 玄关 2. 餐厅 3. 客厅 4. 前阳台 5. 书房 6. 客用卫浴 7. 厨房 8. 工作阳台 9. 次卧室 10. 主卧室 11. 主卧卫浴

超越“日本式”的设计

地坪的“藤纹”，源自日本的古老世家—藤原氏，象征着家运兴盛不衰，取其“隆盛遗芳”之意；客厅的主墙面以饰有“牡丹纹”的大面玻璃，创造出光影效果，做为主题性装饰物，此概念可溯源至德川幕府时期，牡丹纹的地位，与代表王室重臣的菊纹、桐纹和葵纹属于同级，意指屋主拥有贵族般的尊荣，这些看似配角的细微设计，其实是点亮整个空间的关键，能让氛围达致最深邃的意境。

“墨绿”与“深灰”两个冷调色泽，鲜见于一般的室内设计，更鲜少应用于豪宅的陈设；但玄武设计似乎刻意透过强烈对比，将奢华的空间敛入东方的宁静，这种“蓄意为之”的创造，反能将日本文化的静美，提升到另一重极致，体现东方两极对反的哲理，彰显富而礼、显且藏，张收平衡的生活理想。

Balance in the universe is the essence of Japanese culture which is truly expressed in decorating of interior spaces and Japanese designs. Sherwood design represents this philosophy by choosing two seldom used colors like dark green and grey, which constraints the trumpeting rich into the self-effacing peace. This attempt reaches into an elevation into the juxtaposition of opposition, and you are sure to find reward in the tastefulness of Japanese tradition.

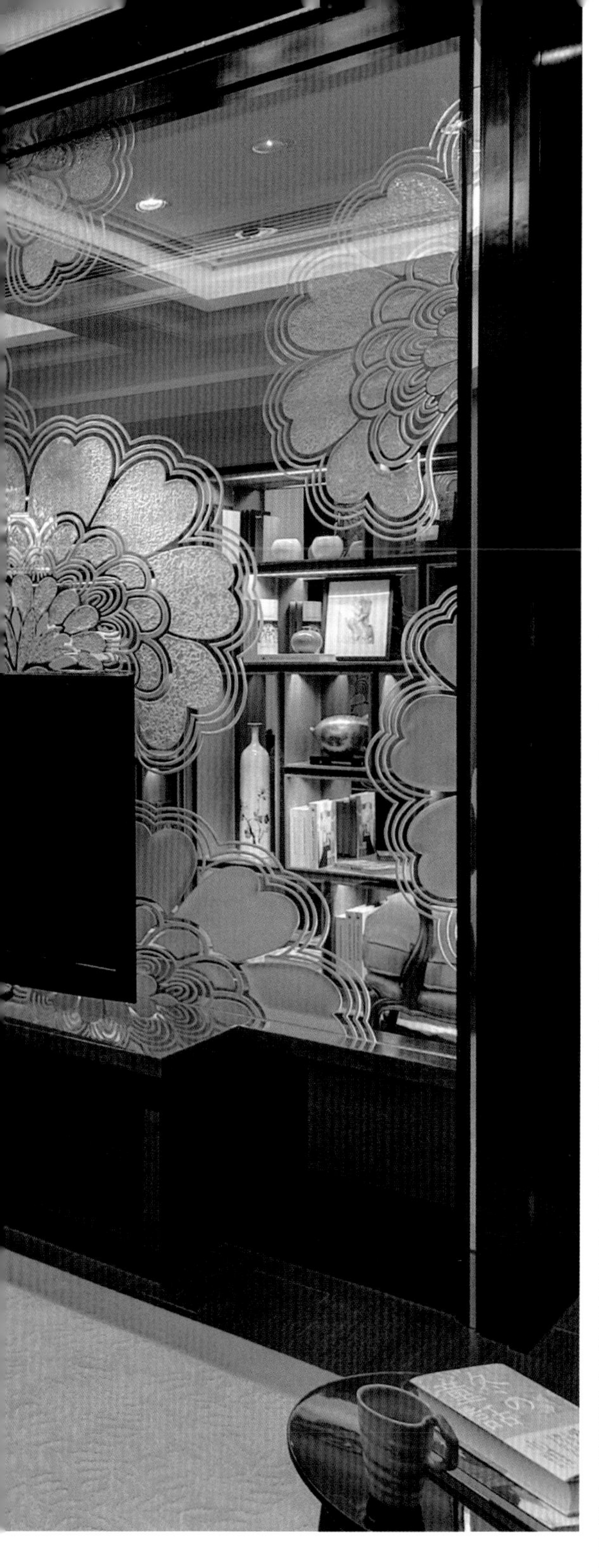

透明砖面烙上的牡丹，花意在室内荡漾，这是春天；
水晶吊灯下，笑语随着手势熠熠闪耀，正是人生。

长青的愿景与幸福

皇家风格强调材料变化，喜用装饰细部的手法体现，设计者在秉持风格的同时，也贯彻日本设计独有的纤细，隐敛地彰显屋主的富有。例如将手工地毯改为兽皮、鱼皮纹壁纸，结合日式花布，让极简的日式设计包覆着富丽的外衣，转化为居住者的奢华感受。

如同最精彩的生命历程，总是充满高低起伏；放眼世界胜景，也多见于险峰惊瀑。玄武设计的日式皇家风格，反覆运用看似极端、相斥的语汇，加乘出奇特的创意效果。那只"藤纹家徽"已将设计者的思想凝聚其中，漫延整个空间的墨绿，如一株常青藤蔓，缓缓地超脱俗世虚华，逐渐探上了崖边的天空，享受云端静谧的幸福。

盘旋的白，交错的梦，在墨底镜面的反衬里，
生命的音韵缓缓流转……

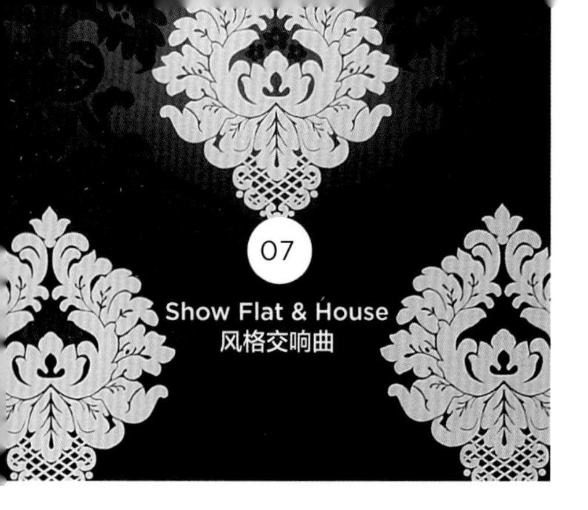

Show Flat H50-T5

新古典Neo-Classic

白玉温润 黑彩雕琢

大学耶鲁样板房

流丽内敛的双元性格

欧洲古典风格固然以金碧辉煌、色彩斑斓见长，但其神髓在于意境的情致营造，而非过份雕凿。玄武设计勇于尝试，运用简洁的黑白配色，以细腻巧思、精确比例，雕琢出雅致的新古典风格。

Neo-Classic in black and white towards a lifestyle theme

Neo-Classic featured exaggerated lighting, intense emotions, which released from restraint and even a kind of artistic sensationalism. Entering everyday life, Neo-Classic can be very precise in proportion, simple and clever in layout, exquisites in interiors and decors, contrasts in just black and white. Sherwood design specializes in trying every combinations and interpretations of classical aesthetic themes to build a new model more fitted into contemporary concepts of a mansion house.

座落位置〉新北市三峡区
面　　积〉100平方米
主要建材〉卡拉拉白、闪电、橡木皮、黑色烤漆玻璃、特殊壁纸、黑色橡木地板、地毯
参与设计〉欧阳毅、陈佳琪
软装布置〉胡春惠、胡春梅
完成时间〉2008 年8月

Location〉Sanxia District, New Taipei
Size〉100 m²
Material〉
marble, wooden plates,baked printing, oak boards
Designer〉Yi Ouyang, Jaqi Chen
Furniture〉Chunhui Hu, Chunmei Hu
Time〉August, 2008

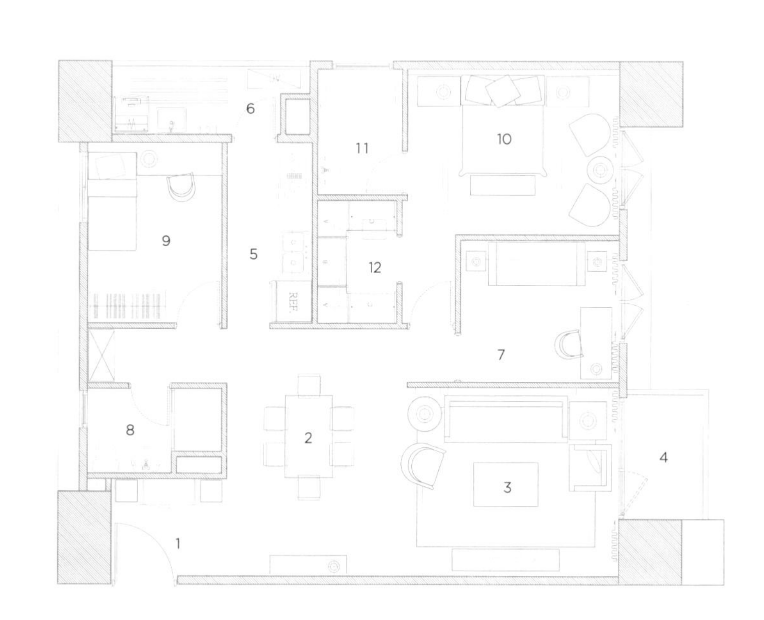

1. 玄关 2. 餐厅 3. 客厅 4. 前阳台 5. 厨房 6. 工作阳台 7. 书房 8. 客用卫浴 9. 次卧室 10. 主卧室 11. 主卧卫浴 12. 更衣室

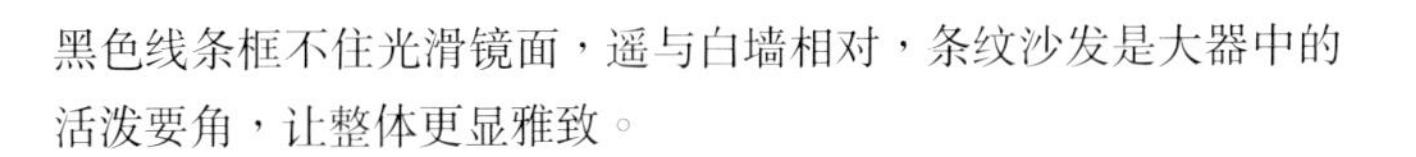

黑色线条框不住光滑镜面，遥与白墙相对，条纹沙发是大器中的活泼要角，让整体更显雅致。

细致优雅　打造精品华居

玄武设计将线条交错的格状语汇变形运用，成为更有韵律感的、不同宽度或高度的拼接，饶富组合趣味。从清玻璃格子、墨镜格子到黑底菱型花卉图案的壁纸，材质的丰富变化与组合，让空间调性在一丝冷调优雅中，流露设计者对细节的缜密思量。

入门的鞋柜门片以镂空雕花呈现，与黑白菱格的大理石地板，线条简繁相映，成为视觉的美丽焦点，整体色彩简单内敛，处处暗藏巧思，展现谦和风范的同时亦不失惊艳；黑白相间的长条沙发搭配深灰色圈型单椅，白色扶手勾黑线单椅对应黑底白框线壁饰，线条与颜色的紧密对接，显露恰如其分的简洁与从容。

黑白光镜　延伸无限视觉

透过隐约的镜面呼应，黑框与白框的交错，线条与菱形、方形图像的立体表现，用黑白、光影、虚实，在空间中展现雕塑般的细致文艺气息，与举重若轻的生活美学。综观全景，在黑白分明的规划中，却有多彩光影的丰富设计感，玄武设计大胆运用低彩度的构筑手法，巧妙利用镜面延伸视觉，营造出超乎现实的空间广度，让人沉醉于屋宇的大器风范，与空间冥合为一。

Applied many grids crossing patterns on glasses, wall papers, floor, carves and furniture, as a means of expressing various, plentiful assembles in unification, and the contrast in colors and lines, geometric assembles, lights and shades effects and sophisticated composition of visuals, should communicate elite and fashionable appreciations with not only emotional but also rational atmosphere.

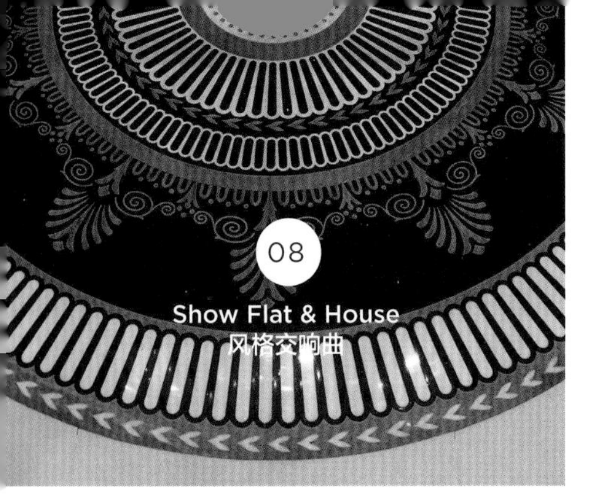

Show Flat 8th

新维多利亚Neo-Victorian

清透湛蓝 皇室底蕴

上海远中 风华八号楼

名流视野 从怀旧生新意

上海近年来发展蓬勃快速，一如英国维多利亚时期的时代背景，富商贵胄纷纷崭露头角的同时，有着超凡洞见的新富名流们逐渐意识到，新时代的生活风格，其实源于自信与创意。而维多利亚时期古典柔美的设计风格，正是“远中风华”演绎今日上海精神，以华丽又怀旧的多种元素，创造出优雅、经典、自成一格的新上海风。

The special jasper for the special wealthy

Today, China is growing to an economic power in the world. Shanghai is also the largest city which has the largest population in China and leads the important role in Eastern Asia' s economy. The prominent people come to realize that they are seeking for a new design style which can be fitted into their modern life. Sherwood design traced back to the Western source and interpreted the Victorian style in a more inspirable way.

座落位置〉上海市静安区
面　　积〉251平方米
主要建材〉雪白银狐石材、白水晶石材、米洞石、金箔、银箔、水晶、金镜、明镜、图腾雕花版、贝殻版、BISAZZA马赛克、VIVA砖
参与设计〉欧阳毅、陈佑如
完成时间〉2010年9月

Location〉Jingan District, Shanghai
Size〉251 m²
Material〉
granite, marble , silver foil,
gold foil, shells, crystal, mosaic
Designer〉Yi Ouyang, Yoriu Chen
Time〉September, 2010

1. 玄关 2. 客厅 3. 前阳台 4. 餐厅 5. 厨房 6. 工作阳台 7. 佣人房 8. 佣人卫浴 9. 书房 10. 主卧室 11. 主卧更衣室 12. 主卧卫浴 13. 次卧室 14. 次卧卫浴 15. 客用卫浴 16. 卧室

皇室气度　重启玉石经典

玄武设计采用经典的维多利亚风格（Victorian style），不仅因为它是极富影响力的艺术风格，更因为其美学表现，正服膺了现代上海的崭新价值，其用色大胆绚丽、对比强烈，中性色彩与金色勾边，谱出和谐而大器的曲调；细腻工法与层次分明的装饰，体现了唯美主义的真髓。

玄武设计撷取Wedgewood经典骨瓷元素为设计，其珍稀而高贵的浅蓝色泽，向来为英国皇室所倾慕，具备历史感的湛蓝光芒，将空间氛围浸染得清透而深邃，让屋宇盈满磅礴的皇家气度；空间的细部表现，舍弃了金碧辉煌的装饰，而从白色基底渲染柔和色彩，淡雅的蓝、绿及米黄，如同Wedgewood的玉石浮雕般细致剔透，呈现空间的立体与贵气。

皇家瓷器形构沙发的韵致，两张简素的布椅提点着雅洁的氛围。
轻轻捻亮墙面的烛台壁灯，点染一室悠闲……

岗石地板描绘着Wedgewood的经典花纹，圆形拼花图腾点明空间的风格主轴。前方主墙以白洞石围塑出造型壁炉，佐以两支复古蜡烛灯点缀，从整体营造，到细部设计，无处不彰显着维多利亚式的古典美学。

垂帘式吊灯让华丽感隐约洒落，厨房的纷忙细看分明。当亲朋欢聚，觥筹交错，此等胜景何处觅？

STRASS

延续瓷器的清透基调，蓝纹墙面与白纱窗帘烘托两只浅绿皮椅，
好似天地辽阔之中，总有一片珍稀绿地。

一席帘幕隔开尘世天地，浅蓝语汇是郁郁的优雅，隐约的纹理勾勒心中的安逸，在躺卧之中，豢养一片深邃之梦……

美丽新境界　心灵御花园

公共空间运用大量的浅米色及白色，搭配淡金、银箔、少数黑色描边，与优雅的浅天空蓝，如同跨进魔衣橱里的美丽新境界，隔绝门外尘嚣，蓦然进入皇家御苑之中，为其高贵气势所震慑。穿过走道之后，向左、向右运用不同纹路与质感的壁纸、马赛克拼贴、明镜与线板与磁砖石材，为每一位居住者打造发挥个人品味的舞台，同时也是让心灵充分休憩的花园，让人在复古的纯净格局中，忘却一日辛劳。

世界知名设计师Frank de Biasi如是说："设计创造力和灵感的结合，不仅止于一个房间，更要是能开发一个家的潜力。"玄武设计以古鉴今，勾勒新时代的生活故事，一方面运用古典语汇延续"家"的记忆，另一方面也传承了充满自信、创意的时代精神，透过设计巧思，提前实现每一位名流业主独特的住宅梦想。

Captured from the classical design of Wedgwood Jasper, the bright blue and the delicate jade-like texture are the basic tones of this model house. Abandoning exaggerative and too splendid decorations and shapes of the traditional Victorian, only remaining the gently, calmness and the dignity, it is another example that Sherwood design adopted the Classics and assimilated it into modern taste. Sherwood design believes that the design is the combination with creation and inspiration, and the exploration of potentials of a house. Sherwood design makes the fantastic dreams of a unique home come true.

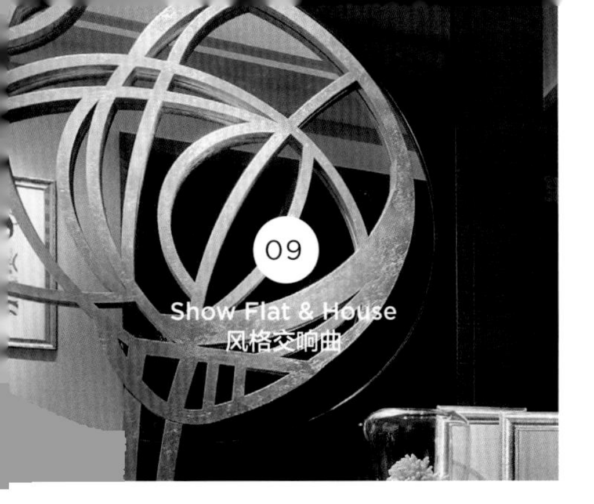

风格重组的空间嬉游

当代艺术史家Jackson曾言："当我们想起任何一种重要文明的时候，我们有一种习惯，就是用建筑来代表它。"装饰艺术（Art Deco），正是文艺与思潮激荡而成的时代瑰宝，它是1920、1930年代流行于欧洲的艺术风格，即使距今已八十余年，人们非但没有束之高阁，反而常在日常生活中与它相遇。

Releasing artistic inspirations freely and naturally

When we recall a civilization in our history, we always use the architecture as the symbol. Art Deco was a popular style in 1920-30. 80 years have been passed; Art Deco does not fade away, but rather becomes a popular style on modern design.

Show Flat H48-D2

装饰主义 Art Deco

快意飞扬 浪点金墨

新未来样板房

2009 IAI Excellent Award—Chinese Style 亚太室内设计菁英奖

座落位置〉新北市林口區
面　　积〉292平方米
主要建材〉浅金峰、松下木地板、镭射切割金箔饰板、
胡桃木饰板、地毯
参与设计〉许宜真、蔡明宪
软装布置〉胡春惠、胡春梅
完成时间〉2008年7月

Location〉Linkou District, New Taipei
Size〉292 m²
Material〉
Glass, Wooden Plates, Walnut Boards, Gold Foil, Carpet
Designer〉Yizhen Xu, Mingxian Cai
Furniture〉Chunhuei Hu, Chunmei Hu
Time〉July, 2008

1. 玄关 2. 储藏室 3. 衣帽间 4. 客厅 5. 前阳台 6. 书房 7. 餐厅 8. 外厨房 9. 佣人房 10. 内厨房 11. 客用卫浴 12. 次卧室 13. 次卧卫浴 14. 客房 15. 主卧室 16. 主卧更衣室 17. 主卧卫浴

装饰艺术（Art Deco）的特征

装饰主义有许多显而易见的特征，例如以几何线条取代繁复的图案、大量取材古文明的图腾象征等，脱离波浪般圆滑线条，以抽象设计为主；即使是弯曲的线条，也以渐进式的快笔挥洒，呈现流利弧度的简洁美感。

Art Deco风格的设计者在大量画作中寻找元素，以克里姆特（Gustav Klimt）为代表的维也纳分离画派，主张创新、追求表现功能的“实用性”和“合理性”，强调发扬风格个性，亦尽力探索与现代生活的结合。

LIGHTART
LIGHTART
LIGHTART
LIGHTART
LIGHTART
spaces
spaces
LUXURY
LUXURY RESORT
LUXURY RESORT

文艺的创新与再生

玄武设计采用Art Deco为设计精神，大量运用看似徒手绘制的随机线条，以及寓意式装饰，潇洒地解除了以理性、几何、秩序交织成的机械魔咒。

玄关地面拼花与屏风图案的变形，都以最简约的形式和材料勾勒，以洗练笔法与大胆构图宣示屋主的品味。以本案起居室为例，像四片门玻璃内金勾线条、与末端圆形收头、马腿形象的边几桌腿，灵感皆取材自前述时期的画作。

The typical and obvious symbols of Art Deco are geometric shapes, totems from ancient civilizations, abstracted patterns and clear lines instead of round shapes and curves, to make the decorations bright, compact and succinct. Sherwood Design uses lots of symbols of Art Deco, the rational, geometric, mechanic outlines, but intends to let them splash into the space to express the personality and release imaginations. Differences between modern and classic are not huge but can be a convergence of two streams. Sherwood design regenerates Art Deco itself by keeping the traditional western artistry in mind and trying to infuse modern spirit into the interior.

Art Deco于此展现为多种象征符号，设计者保留西方古典工艺的严谨工法，也注入东方新文艺复兴的精神，将古典与现代的差异巧妙并陈，透过设计者的运思，显示出复古融合新潮、同时创新又再生的精神。

TRUSSARDI

原木质感带来的温润，如一张轻柔布被，
覆盖着人们疲倦的身心与灵魂。

Show Flat 7th

装饰主义 Art Deco

理性缀点 鎏金岁月

上海远中
风华七号楼

闪耀冠冕　典藏巅峰

如果财富与成功是一顶耀眼的冠冕，在人生的冠冕上，正需要一座风华豪邸作为镶在中心的璀璨宝石，标记一路行来的豪情壮志，诠释攻顶登峰的满足之情。如此饱满的进取精神，放眼诸多设计风格，唯Art Deco（装饰主义）能完美诠释屋主的雄心。

Dazzling and flaring designs are dancing with rational thinking

Just like a shining gem on the crown can demonstrate the hosts' honorable qualities, a magnificent house can marks one' s success. Art Deco is the most appropriate style that can reveal one' s achievements in a resplendent way. Transforming the conventional Art Deco into a style in elegance and cleverness, pouring into Western Classical and Oriental elements that now consist of a board range of innovative styles that can be categorized as Oriental Art Deco, Sherwood design always focuses on turning old things into new forms.

座落位置〉上海市静安区
面　　积〉317平方米
主要建材〉黑金花、黑云石、黄金洞石、浅金峰、卡拉拉白、黑檀木、镀钛板
参与设计〉欧阳毅、陈怡君
软装布置〉胡春惠、胡春梅
完成时间〉2010年9月

Location〉Jingan District, Shanghai
Size〉317 m²
Material〉granite, marble , ebony
Designer〉Yi Ouyang, Yijun Chen
Furniture〉Chunhuei Hu, Chunmei Hu
Time〉September, 2010

1. 玄关　2. 客厅　3. 阳台　4. 餐厅　5. 厨房　6. 工作阳台　7. 佣人房　8. 佣人卫浴　9. 客用卫浴　10. 前阳台　11. 棋牌室　12. 起居室　13. 主卧室　14. 主卧更衣室 A　15. 主卧更衣室 B　16. 主卧卫浴　17. 次卧室　18. 次卧更衣室　19. 次卧卫浴　20. 卧室　21. 卧室浴室

如是考量，玄武设计将Art Deco的精神充分体现于空间安排，并融入东方精神。踏入玄关，象征圆满的黑底白圈岗石拼花地板即映入眼帘，一路延伸铺满整个中介空间，伞型、拱型的圆弧语汇俐落开展，让访客处处惊艳。透过设计者灵活铺陈，中介空间充分展现戏剧张力，炫示着贵族世家的优雅质性，空间传递西方浪漫之风，却也倾诉着东方曼妙之气—透过古典与现代装饰艺术的交会，呈现饱满圆融的气度。

六角形的浮雕效果天花板，大胆地布满整个空间，西方的异国情调映衬着中国的古典情韵，更显尊荣。电视墙运用三种石材（卡拉拉白，黑云石，黄金洞石）强调层次感，配上左右对称的黑金花石材拱形，拉宽了短窄的电视主墙面，典藏历史记忆的名贵家具，晶莹灿烂的水晶烛型吊灯，辅以古雅华丽的鎏金屏风，打造经典多元的上海豪宅风貌，令人优游期间，惊艳不已。

海纳百川喜迎宾 多功能的中介空间

本案独特之处，为室内嵌入大型半户外阳台，近似传统三合院之中庭概念，设计者巧妙结合玄关、棋牌室、起居室，做为公共领域(客厅、餐厅、厨房……等)及私密领域(各卧室)之中介空间；而公共空间则让客厅、餐厅、厨房、客用卫浴一体成型，定位全户的涵纳之风。透过完整的空间策略，观者因能了解：真正的名流豪邸，不在镶金包银的华丽装饰，而是在展现大格局的深沉气韵。

床头大面帘幕增添了空间层次感，在波浪起伏里，身心逐渐沉浸于静谧之中。
一张流线黑桌，蕴满多少风云盛事，起笔运思之中，成就无数江湖胜景。

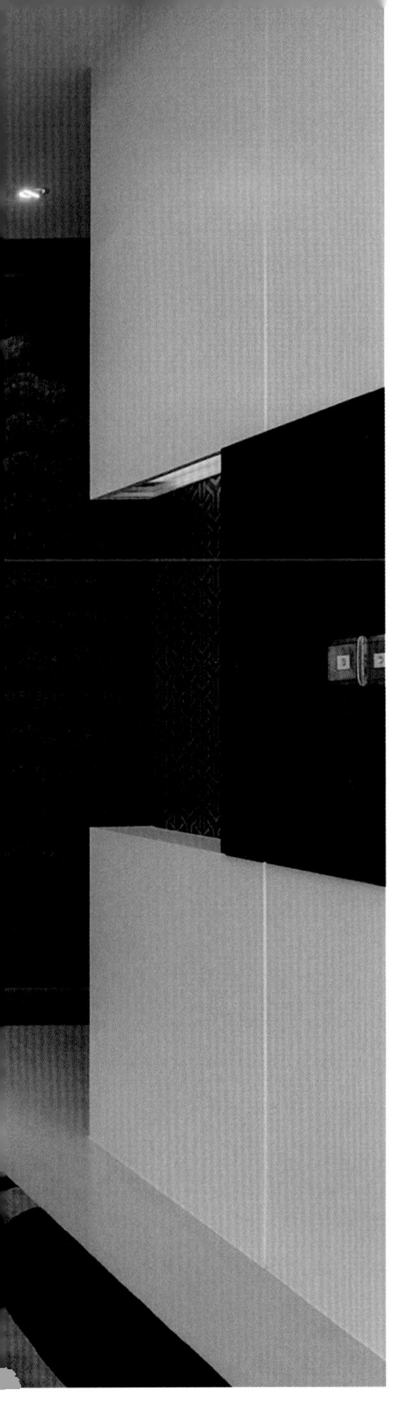

灰白金三色图腾饰满面，卫浴的皇室质感在热气氤氲中一道浮现，溢出珠宝般透亮晶光。左右对称的更衣室，以黑门框嵌不锈钢细边，让男女主人各自拥有私密的试衣舞台，与自己从容对语；端景墙贴饰孔雀壁纸，呈现特殊的华丽质感。

精致优雅新沪风　奢华的私密空间

从起居室前方的廊道缓步而行，即进入专属主人的私密空间；从起居室另一侧的拉门穿越廊道，则进入次主卧与另一卧室，透过不同廊道的入口，界定主卧的独立地位，缓步行过廊道，人们得以沉淀心情，也逐渐加深对私密空间的期待。

以金、银、白、紫等带有金属光泽的色彩为基底，利用画框裱布、编织壁纸、银箔造型电视墙、玻璃马赛克、孔雀贴饰壁纸，玄武设计大胆运用多元且绮丽的材质，将Art Deco的艺术美学，发挥得淋漓尽致，堪称"风华园"中豪门风格的代表作。

起手无回，动见观瞻。在此空间之内，每一个举手投足，
都隐喻着人生的深沉思量。

风华富丽见鎏金　大器的公共空间

公共空间是建构户主身份与器识的美学剧场，这座宽广殿堂界定主人的不凡品味，也让所有访客的心灵，有如经过一场美学洗礼，享受鉴赏艺术的满足感。全景风华绝代而不遗世独立，富丽尊荣而不降格媚俗，鎏金岁月隐约流转，塑造独特壮阔的庄园豪宅风格。

Sherwood design manipulates different patterns, materials, and colors to create a mansion gorgeously decorated with geometric symbols, glass mosaic, woven papers, cloths, cocktail wallpapers, and glistened in sliver, golden, white and purple. In this mansion manifests the host' s esthetics and taste that can bring all the guests a journey to beauty.

精彩空间的背后，必定由一套完整的设计策略运筹帷幄，

让人们的无限想像随着时间轴，在空间的舞台自由驰骋；基于同样的思考逻辑，

好的设计者与优秀的厨师、电影导演、乐队指挥，甚至军事家无异，

我常在构思空间时，以土、石、木、金等建筑材料为演员，

风、光、水、绿等自然元素为配乐，随着空间动线开展感官体验之旅。

我喜欢设计情节，更喜欢隐匿结局。经过完善设计的空间能收纳许多给参访者的惊喜，

让他们随着时间流转与脚步推移，探究藏身于各角落的灵光，离去的时候满载收获。

在此过程中，来宾不仅是空间交响曲的聆听者，

同时也化身为富有动能的创作者，与建筑共谱生命之曲。

DISPLAY CENTER & CLUB

空间剧场学

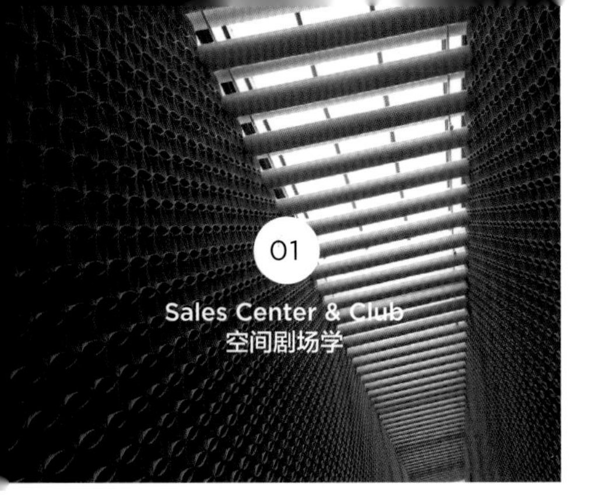

Sales Center at Neihu, Taipei

外俗内圣　浊世天堂
金华苑售楼处
2011 JCD日本商业空间大赏100 Best

媚俗与神性的和谐变奏
莲花出淤泥而不染的高贵品行，始终为人倾慕；处于尘世的人们，自然也抱持着对天堂的向往。寻觅圣洁与凡俗、神性与人性的平衡点，是玄武设计对于本案的核心思量—以俄罗斯皇宫的金色元素设计的华丽大厅，阳光洒落在洁白通道上，交错的色彩迷幻参访者的视觉，就是"远雄金华苑" 售楼处给人的深刻印象。这栋甫获2011年"日本商业空间大赏" 的售楼处，一方面大胆铺陈出皇室贵族的物质世界，另一方面也营造出宛如教堂的崇高气息，是玄武设计善以冲突造出和谐、并置融出新貌等设计策略，完成的另一项崭新探索。

A Tribute to 'Complexity & Contradiction in Architecture'
Modern interpretation of luxury, with symbolism aesthetic, created an intriguing and dramatic partial experience throughout the spaces. Located next to the future development, the biggest challenge was to control the surrounding views while allowing maximum natural lighting into the interior spaces by having a monochromatic wall feature comprises of repetition of Chinese symbols for 'prosperity'. The design challenges the difference in style ideas with an uncompromising attention to details.

1F

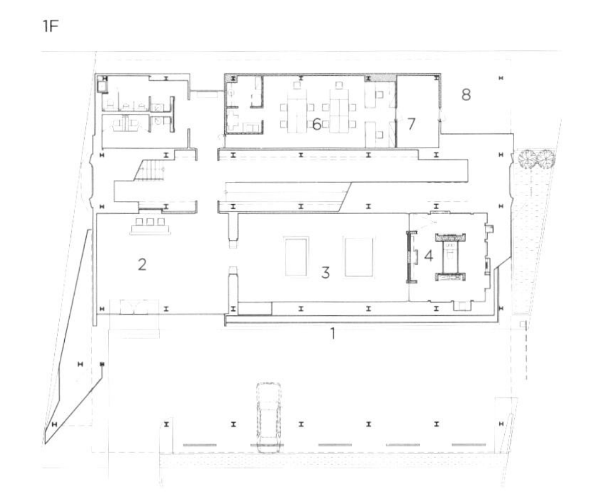

1. 停车场　2. 接待大厅　3. 模型室　4. 工学馆　5. 洗手间
6. 办公区　7. 储藏室　8. 机房

2F

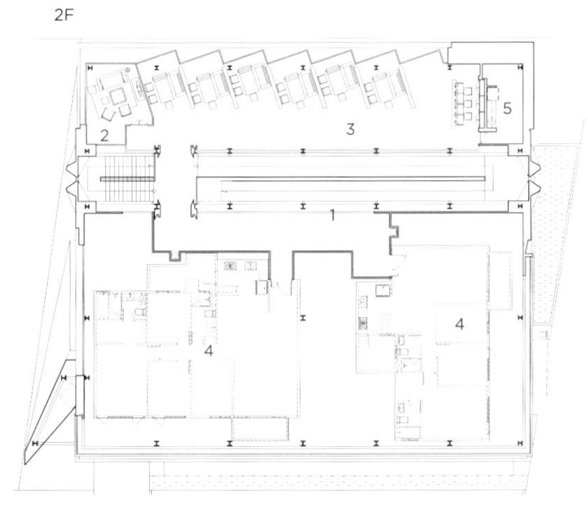

1. 样板房区　2.VIP洽谈室　3. 洽谈区　4. 样板房　5. 吧台

座落位置 〉台北市内湖区
面　　积 〉1153 平方米
主要建材 〉雷射切割钢板、构造用纸管
参与设计 〉陈新强、蔡明宪
软装布置 〉胡春惠、胡春梅
完成时间 〉2010年4月

Location 〉Neihu District, Taipei
Size 〉1153 m²
Material 〉laser cut plate、paper roll
Designer 〉Xinqiang Chen, Mingxian Cai
Furniture 〉Chunhui Hu, Chunmei Hu
Time 〉April, 2010

创造在地经典　留存永恒价值

远雄建设期望售楼处能一改短期建筑的既定印象，将企业的标准色系、标准化元件、标准化形象一并呈现，留存为可长期运用的在地"特色建筑"或"独特会馆"。玄武设计取法国际精品设计，将远雄企业LOGO当作基本符号，在建筑外立面进行大面积堆叠，组合成一座标志性立塔，利用简洁典雅的符号呈现辨识效果，与国际精品的经典花纹同理，设计企业的经典图案，成为未来建设售楼处的标准化规范。

于入口的立面橱窗再次铺陈LOGO，筑为一面企业形象墙，以喷砂手法在镜面玻璃上绘出企业标志；当夜晚降临，可从未涂绘处透出光线，呈现璀璨夺目的光雕效果。光影流转之间，整座形象墙充盈着剔透的"空间感"与变幻的"时间感"，予人精致超凡的感受。

遠雄新都
金華苑
遠雄
2790-8211

鎏金光影　宫廷冶艳

我罗斯宫廷的鎏金陈设，最能展现奢华的贵族气质，然而以现代眼光而言，大量的金色装饰却可能造成压力和累赘感。因此，玄武设计巧妙运用金黄色泽，以简洁纯净的空间为基底，运用家饰与光影的参照，打造现代豪宅的皇室风华，精确呈现设计主轴。

设计者将拜占庭建筑特点“洋葱形穹顶”的概念应用于门形，烛状水晶吊灯形状的门窗，让廊室晕染出金色的轮廓；洽谈区的白色隔屏，沿用水晶吊灯的镂空图示，幽微金色呈现一股静谧意味，也点明整体的华丽气氛。既以“俄国皇室”为设计核心，金色家具自是不可或缺，为免造成视觉负担，设计者仅在窗帘、家饰布料、织锦点缀一二，即让空间盈跃着优雅的宫廷风华。

地板的黑白棋盘图样，取材自圣彼得堡夏宫的下花园景观，醇黑的高贵映衬着洁白的典雅，暗喻着屋主通晓“世事如棋”的干练，空间设计以黑白为基调，如同为登上事业高峰的主人，搭建一处生命舞台，让象征财富的金黄色泽轻舞其上。

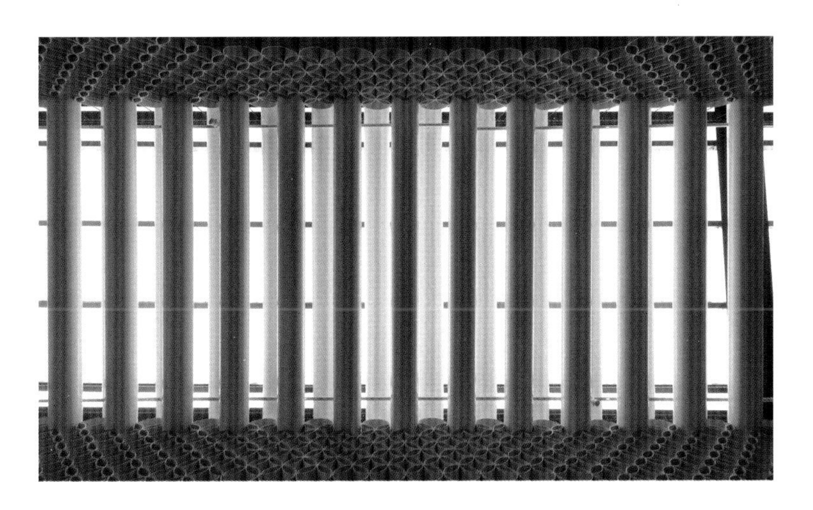

The kitsch Neo-Classical inspired lobby was juxtaposed next to an elongated pathway that illuminated with light to evoke the sense of paradoxical experiences in life. The immediate transition of extravagant experience intended to create an impact to desolate visitors from the reality once entering the building. The extravaganza of kitsch Russian lobby conceits the materialistic world and the tantalizing immuendo of holistic space induces a cleansing journey for the visitors. Another form of juxtaposition was deliberately embedded in material choice for the wall feature that plays an important role in creating the holistic experience. In contrary to visual result, the space was constructed entirely with recycled paper rolls, to extrapolate the poetic sarcasm Robert Venturi mentioned in his book ' Complexity & Contradiction in Architecture'

超越俗世　通往心灵圣殿

售楼处最精彩的部分，就是在空间中轴处，形塑出精品形象的纯白图案墙，圆柱型图样从地面堆叠至天花板，是以手工一个个组装而成的浩大工程，没有任何框架包覆、支撑，纸筒间也没有任何卡榫嵌接，全赖力量的平衡，保持每个构造保持正圆形。设计者以最环保的纸做为素材，以此中轴为空间之本，做为串联其他空间的主廊道，缔造销售空间的特效，堪称玄武设计的一大创举。

纯白的空间，加上从外引入的自然光，充满崇高圣洁的仪式氛围，以当代设计手法演绎教堂的空间感，少了宗教的肃穆，却多了当代的写意与诗意，设计者无需刻意收敛“媚俗”的贵族风，只要通过这个纯白的圣洁空间，即能召唤出内在的“神圣”气韵。

玄武设计如同高明的调酒师，以黑色的深沉醇厚、白色的精致绵密，调和皇家氛围的金碧辉煌，正如俄国文学、音乐、与艺术的灿烂展现，让参访者在现实与梦想中反覆游历，本案以滚滚红尘和宫廷俗世为背景，表现出神话的鲜艳趣味与宗教的崇高体验。

美好的年代与事物，我们能透过各种艺术形式体验其灿烂，诚如玄武设计在“远雄金华苑”中挥洒的创意，以绚烂的设计纪录了时代胜景，让观者在繁复的图样里体验了简约精神，将景色转化为溢满身心的感受，这种持续超越的艺术，必将改变居住者的心灵与生命。

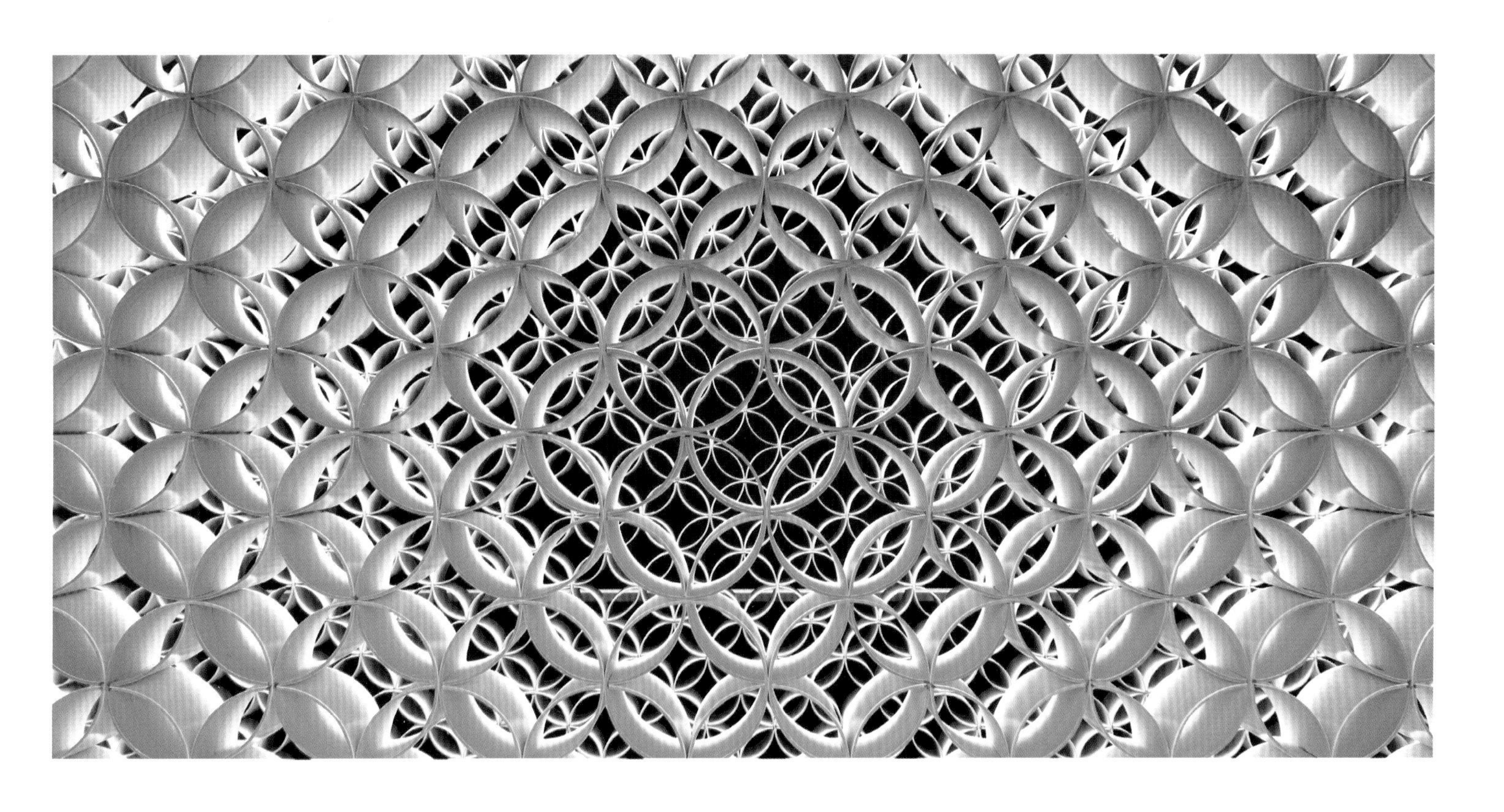

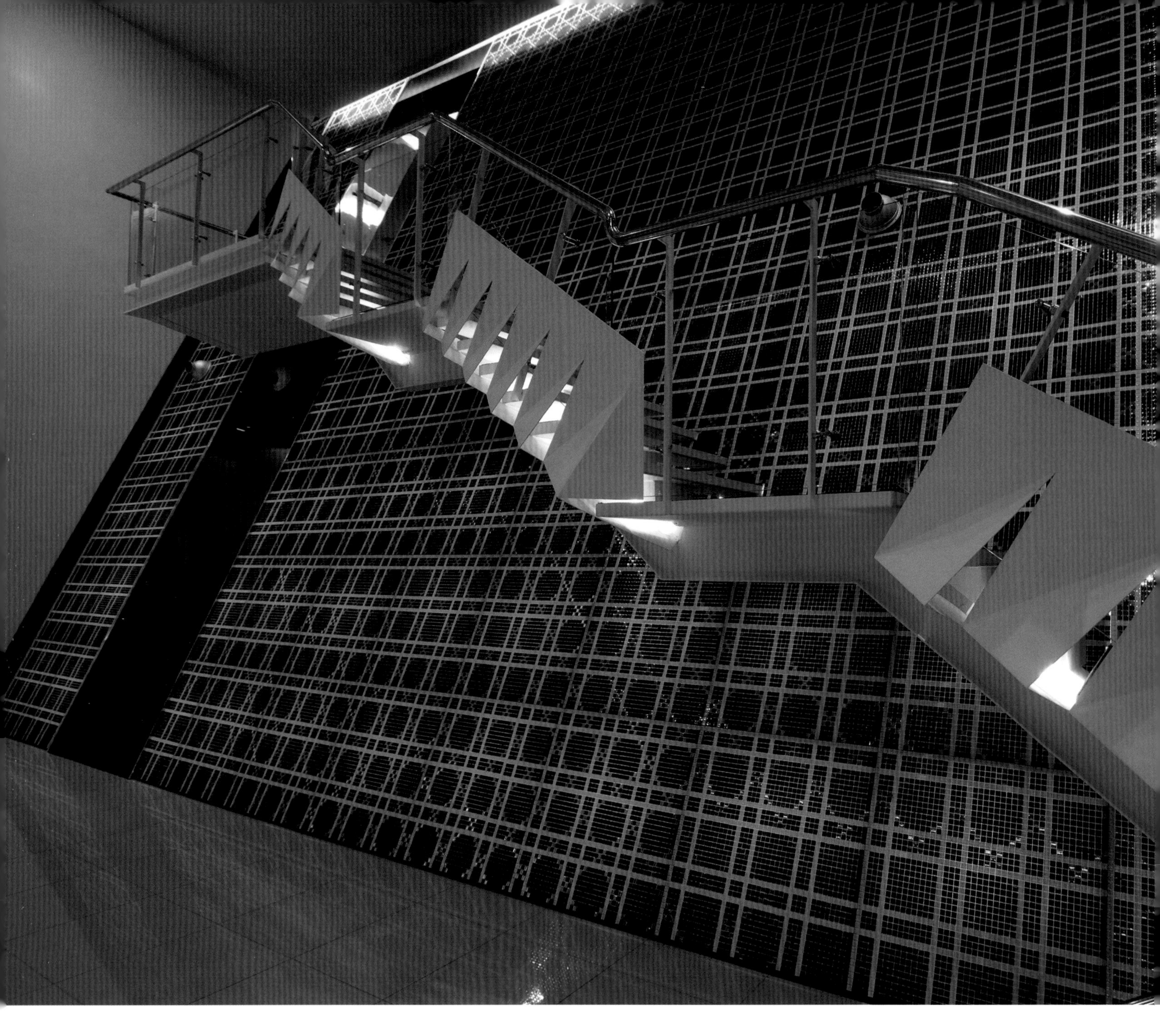

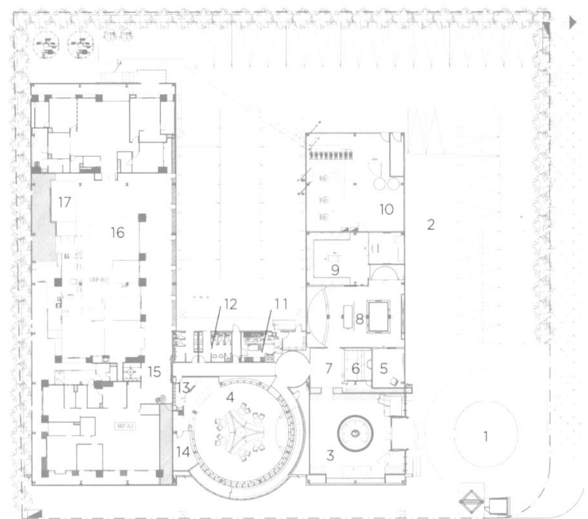

1. 入口景观工程　2. 停车场　3. 接待大厅　4. 主题馆　5. 视听室　6.AV 设备室
7. 企业展版区　8. 模型室　9. 工学馆　10. 机房　11. 厨房　12. 洗手间
13. 松下厨具体验区　14. 储藏室　15. 换鞋区　16. 样板房　17. 梯厅展示区

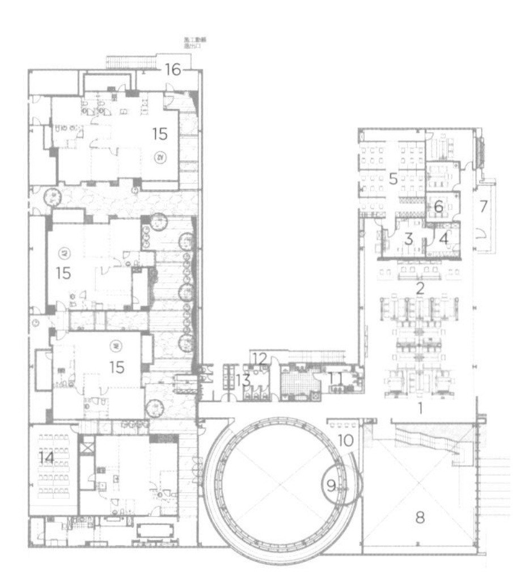

1. 洽谈区　2. 管销柜台　3. 业管办公室　4. 主管办公室　5. 办公室
6. VIP 洽谈区　7. 阳台　8. 挑空　9. 游戏室　10. 上网区　11. 备餐区
12. 吸烟区　13. 洗手间　14. 教室　15. 样板房　16. 储藏室

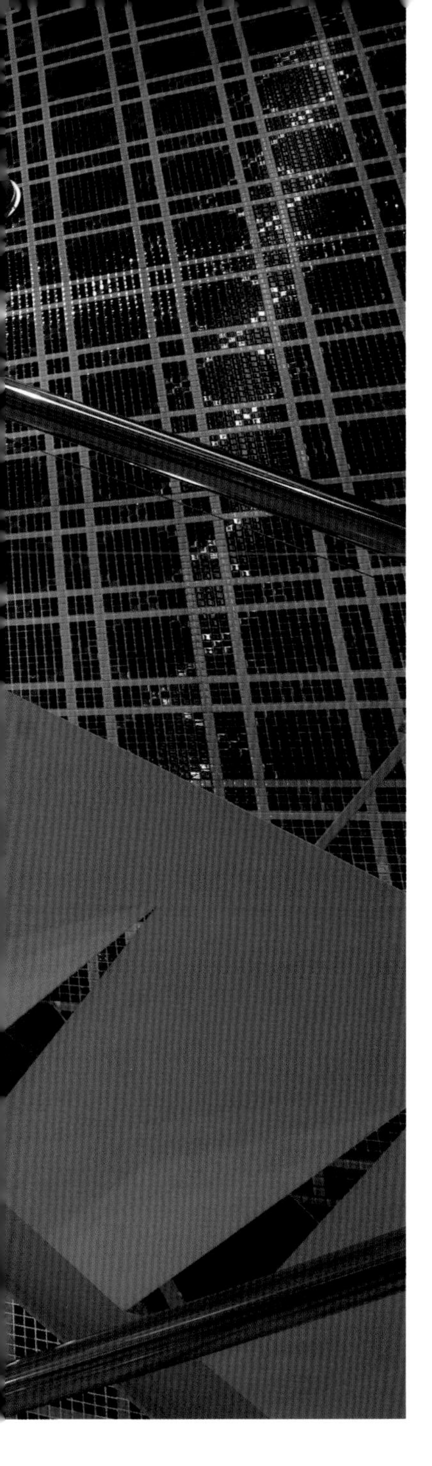

Sales Center at Xinzhuang, New Taipei

极致六感　潜觉空间
海德公园售楼处

沉潜心性　直指六感

一般人视为独具商业机能的售楼处/售楼处，在设计者的巧思中，反成为挣脱空间限制，让创意无限遨游的"梦想馆"。于此，玄武设计提出"六感"建筑的概念，这类潜入居住者灵魂的"潜建筑"（inner-architecture），让建物增强了与访客/居住者的触动与连结。

所谓"六感建筑"，正是将空间视为有机生命体，以视感、听感、嗅感、味感、触感等五官机能，与参访者对话、互动，让人用五官感受建筑的每一部份，更以触及人心、直诉心灵的第六感，为访客带来深刻的"灵感"体验，创造建筑与人的深度交流。

The Six Sense, the inner Architecture

In the case at Xinzhuang, Farglory plans a new town with leading green technology called the U-PARK, updating the houses into the second generation of sustainable environment-friendly construction. Sherwood Design knows that the brand image is an essential part in stimulating consumer' s emotion, will put the product to a leading place in the industry. This building is no longer a simple functional and commercial space but an organic building.

座落位置〉新北市新庄区
面　　积〉3960平方米
主要建材〉马赛克+中空板、密底板雷射切割、手工地毯、木作喷漆、铝塑板
参与设计〉黃書恒、欧阳毅、詹皓婷、陈新强、蔡明宪
软装布置〉胡春惠、胡春梅
完成时间〉2010年12月

Location〉Xinzhuang District, New Taipei
Size〉3960 m²
Material〉
mosaic, laser cut plate, carpet, plastic
Designer〉
Shuheng Huang, Yi Ouyang, Haoting Zhan, Xinqiang Chen, Mingxian Cai
Furniture〉Chunhui Hu, Chunmei Hu
Time〉December, 2010

歡迎
藤雄董事
蒞臨指導

视感：剧场美学的惊艳

视感飨宴是本案重点—建物如同一座巨型雕塑，以玻璃、钢材、镜面喷砂、镂空图腾、电路板造型线条等素材，交织成具强烈现代感、蕴含企业精神的大器外观。进入光雕彩盒般的建筑，V型入口的大厅首先打破水平与直角的刻板限制，随着两旁的玻璃马赛克斜墙，沿着钢折板楼梯拾级而上，流露出倾身攀岩的登高趣韵，抬眼望见八方天幕，从缝隙中洒落的绚丽天光，让白色镂空的会馆呈现泱泱大度，使人沉醉其中。

听感：独白、协奏、共鸣三部曲

歌德名言："音乐是流动的建筑，建筑是凝固的音乐。"，本案的空间构筑即为明证。进入V型大厅，让想。象力攀行于锯齿状梯阶之间，曲折的琶音与和弦随即具象而现，在空间中蜿蜒起伏；假日举办活动时，另一处的白色主题馆总是乐音萦绕，回声轻柔如水。镂空壁板的另一面藏设LED灯，每15分钟切换色彩，馆内与走道瞬时溢满光影，其变化令人目眩神迷，整体空间呈现的丰富韵律感，让人"听见"一曲又一曲震撼人心的空间之歌。

嗅感：唤起愉悦的情感记忆

本案在绿化与节能的概念上分外用心，未来将成为绿能建筑的典范。透过轻盈流动的风，让空间设计巧妙连结人们的嗅感。从外观与V型大厅的现代感"前香"，到驻足主题馆活动的"中香"，二楼洽谈区远眺与近观的"后香"，空间暗藏的嗅感意符，创造了无所不在的故事，终将唤醒参访者内心最愉悦的情感回忆。

Sherwood design goes beyond the normal constraints and breaks boundaries of physical experience of an architecture that only resorting to six senses communication ways can bring the future architecture touched and linked with the residents. In order to create the dialogue between architecture and human, alongside the five senses (visual, hearing, touching, smelling and tasting), there is the sixth sense that can see into the inner aspect of an architecture.

触感：色、形、质、光的奇妙互动

透过“色彩、形状、材质、光影”的变化，玄武设技巧妙地“正面唤起”、或是“反面颠覆”了参访者的触感记忆。钢铁、玻璃帷幕、玻璃马赛克、大理石、木材，不同材质营造出既反差又融合的奇异感受，古雅的镂空图案、喷砂玻璃图腾、巧妙的透光雕塑，运用光影的互衬创造立体感；LED灯光变换暖色／冷色暗喻的软／硬触感，洽谈区天花板同样透过LED灯光，制造细微晕染与涟漪回旋的动态，酝酿出令人惊艳的视觉效果。

味感：创造回味与反刍的原点

玄武设计反复运用故事性意象，自建筑外型到内在设计，从远雄企业LOGO、电路板线条、玻璃马赛克暗示“太阳能光电”、以六角形苯环分子结构象征着“数位智慧”，在在与参访者的感官互相呼应。进入纯白的主建物中，在感受科技力量的同时，亦为神圣感深深震撼，LED灯光似是将神经系统的传导具体化，让感官无形中受到刺激，最后由洽谈区的瞳孔圆窗远眺未来基地。此一旅程，与其说是参访，毋宁说是一趟惊喜之旅，参访者能于过程中反复品味、反刍设计，品尝设计的甜美滋味，储藏灵魂的深层感动。

Sherwood design builds it as a modern art museum, a spiral ladder installed in the lobby as the upward path to the higher level, connecting multi-levels of the building, the white engraved logo formations constituted a huge vault creating a divine atmosphere like in a church, the changing lights reflecting on the glass, marbles, woods and steels echoing in the space like playing a piano, creating more fun during the tour of this display center. Such ultimate six senses create an ongoing dialogue between human and the building, and every visitor goes through the six senses tour must find a new kingdom in their mind. Reminds us of a poet of Khalil Gibran, which says 'A traveler am I and a navigator, and every day I discover a new region within my soul.'

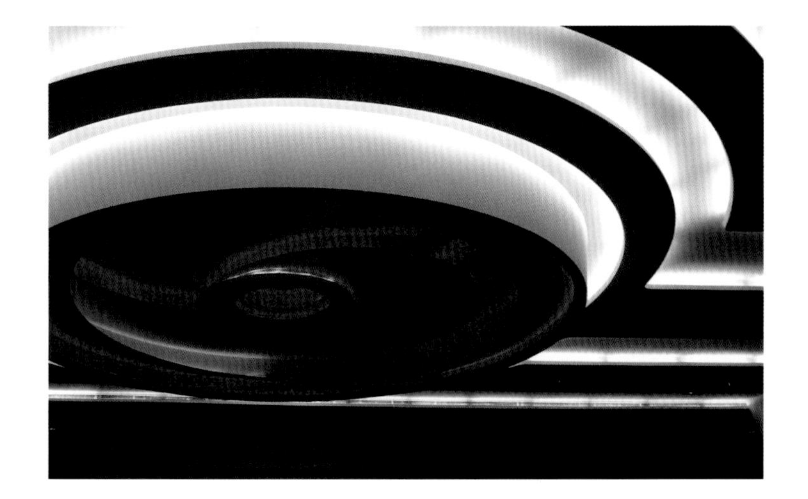

灵感：穿越绿地的智慧先知

日本名建筑师槙文彦曾指出，当人们进入建筑时，空间给予情绪的感染，能使人们感觉这座建筑是为自己存在，建筑的价值便由此体现。而一切设计方法，不过是建筑师与人们交流感觉的管道而已。

坊间售楼处的设计，如同陈列居住形式的贩售部；然而，玄武设计却努力探讨理性机能与感性美学，创造具备丰富意涵的有机建筑，使其顾及商业用途之余，更能不落俗套，成为肩负梦想的先知性建筑。如果说，一般售楼处接待了人的形体，由玄武设计构思的售楼处，不仅可接待形体，更能接待灵魂，触动人们的内在思想，如同一座大型的容器雕塑，以极致六感的技法汇聚惊人能量。

纪伯伦(Khalil Gibran)曾言："我是一个旅行者，也是一个航海者，我每天在自己的灵魂中，发现一个新王国。"，极六感之至，潜建筑之能—从业主、设计者、参访者、到未来居住者—经过这一趟六感之旅，每个人都必然能在此绿地，发现自我灵魂的新王国。

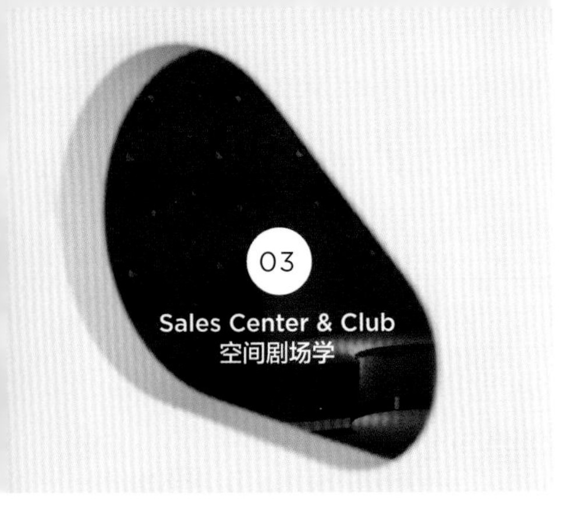

Sales Center at Sanxia, New Taipei

五行演绎　能量建筑
大学耶鲁售楼处

五行元素打造新人文居宅

玄武设计尝试以中国五行之道演绎空间，将文化作为设计根柢，连结人们心灵对空间的期望，发展出独特而令人激赏的空间美学。

白色为金，入口的铝百叶弧形墙彷佛朝参访者张开双臂，营造欢迎气象；黑色为水，水绕着弧形墙而过，状如环腰玉带，含带护城河的守护内涵；河边林木缤纷，是为木，借景引入绿意与生机；进入售楼处后动线一分为二，其一为舞动力十足的红色坡道，是为火；另一通道以椰纤地毯步入中庭，是为土。

五行说明世界万物的形成及相互关系，亦解释了空间叠合、人文与自然相互协调的重要性。

座落位置）新北市三峡区
面　　积）3581平方米
主要建材）铝企口百叶、集层木、烤漆玻璃、特殊壁纸、抛光砖
参与设计）欧阳毅、许棕宣、陈怡君
软装布置）胡春惠、胡春梅
完成时间）2008年8月

Location）Sanxia District, New Taipei
Size）3581 m²
Material）
lumber core plywood,
baked painting on glass, polished tile
Designer）Yi Ouyang, Zhongxua Xu, Yijun Chen
Furniture）Chunhui Hu, Chunmei Hu
Time）August, 2008

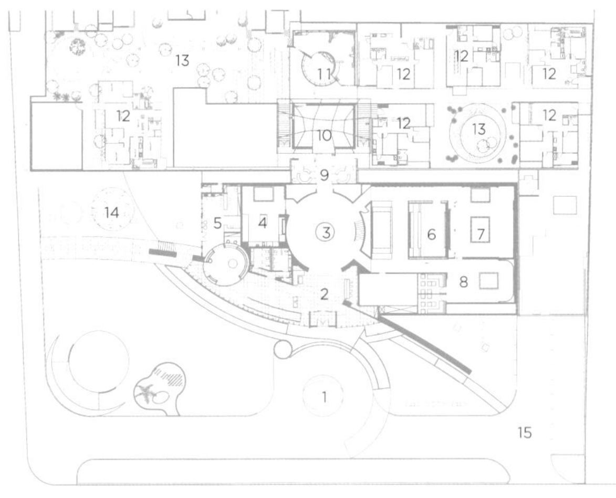

1. 迎宾造景　2. 等候区　3. 楼梯　4. 工学馆　5. 办公区　6. 大型 VCR　7. 模型室　8. 九大行星馆公设馆　9. 空调／机电机房　10. TMO　11. 数位体验区　12. 样板房　13. 庭园造景区　14. 烧陶体验区　15. 停车场

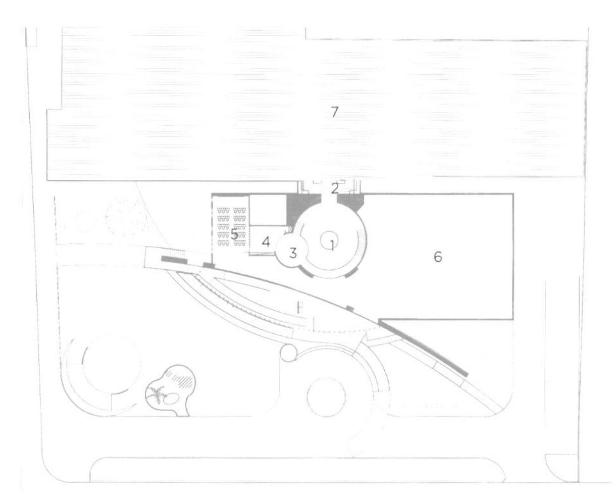

1. 楼梯　2. 换鞋区　3. 平台　4. 换鞋平台　5.T.M.O. 教室　6. 挑空　7. 屋顶平台

1. 楼梯　2. 主题小模型　3. 销控／收银台　4. 故事屋游戏区　5. 会议室／书报室
6. 备餐区／吧台　7. 上网区　8. 办公区　9. 环境模型　10. 洗手间
11. 洽谈区　12. 展演台　13. 艺术家展览坡　14. 挑空

The building which is built by the deep meaning of 'Wu Xing' theory

The Five Phases, metal, wood, water, fire and earth is a system used for describing interactions and relationships between phenomena. Each phase has a complex series of associations with different aspects of nature such as seasons, colors, shapes, directions, creatures, movements and developments. These phases are interacting with each other.

身心安顿的梦想家园

弧形玻璃帷幕墙与铝百叶弧形墙反曲相交，在虚实之间形成入口。步入圆形拱门，可见得由木头堆叠而成的中庭广场，透过照明设计，光影将木色壁面映照得如马赛克般立体，顶端布幕延展如伞，带动空间张力，为挑空的圆形屋顶营造雄浑力道，多种功能在挑空的中央广场汇集，让所有访客进入一座以元素、质感、材料为舞者的圆顶剧场，凝视着阶梯，彷若等待空间戏剧的高潮，同时也体会着深层的生命脉动。

Sherwood design practices the theory properly in the architecture, applying correspondent materials surrounding it. The colors can be the background of the space, to create a very helpful environment in living a prosperous and healthy life, and avoiding or blocking negative energies. The most marvelous design is the dome-like central square constructed by woods that exhales into the sky. It is an opera house which performs masterpieces that always arouse audiences' emotions and feelings.

遠雄
耶魯
大學之城10

张开的布幕犹如一只大伞，也如一片带着柔和棱角的天空，
带动空间的轻舞，让人们的视线随着渐次的光影缓缓移动，
自身也成为旋律的一部分。

美人湯

一张饱满的地图，将未来摊开在人们眼前，梦想无限延伸，直至城市边境。

基礎結構工法 六級超耐震力道

數位家庭首部曲
數位家庭二部曲
日本之旅

各展示区陈列着各项先进科技，呈现业主打造完美社区的雄心，成就所有的住宅梦想。社区中的拱门交错独立，唤起人们心中的森林意象，呼应人文社区的风格与山水之美。透过自然与建筑的对话，述说对“家”的更深层次的想望，整个空间如同一只待启的藏宝盒，由设计者亲手为观者开启美好的生活愿景。

Sales Center at Neihu, Taipei

方圆互蕴　光影相辉
上林苑售楼处

座落位置 〉台北市内湖区
面　　积 〉2475平方米
主要建材 〉玻璃钢构、木作钢琴烤漆、纸筒、地毯、木板拼花、壁纸、抛光砖
参与设计 〉欧阳毅、许棕宣、詹皓婷
软装布置 〉胡春惠、胡春梅
完成时间 〉2007年7月

Location 〉Neihu District, Taipei
Size 〉2475 m²
Material 〉
steel and glass construction,
baked painting on wood,
paper roils, carpet, polished tile
Designer 〉
Yi Ouyang, Zhongxua Xu, Haoting Zhan
Furniture 〉Chunhui Hu, Chunmei Hu
Time 〉July, 2007

绿荫铺就人文底蕴

上林苑坐落在台北市内湖区，因拥有超过建地五倍大的绿地，成为当地稀有的绿荫住宅，为突显豪宅气势，由外到内，拉大空间的比例尺度，以强化戏剧性效果。踏入室内后，放眼即见高达10米的雕塑墙，以微妙角度和比例变化，耸立如教堂中雄伟的管风琴。白昼时的光影变化，展现不同层次的律动；夜间，宛若由琴键缝隙流泄出的LED光芒，显现昼夜迥异的效果，在空间序列的安排里，引动观者微妙的心理变化。

Square and round contain each other, casting lights and shadows

It is the best device that builds a conspicuous outlook to attract people's attention on the showroom. Entering the park where the center located at, you will see on your face an outstanding facade that looks like a cathedral organ playing shades in the daylight and glitter in the night like a glorious gem box. Entering the building, you are led to a twined spirals ladder, the symbol of DNA, going up and down to create an atmosphere that can contemplate the mystery of life. Sherwood design sets a model that consists of two basic shapes, round and square, in which you can say the round installation erects the square building or in reverse the square structure frames the round.

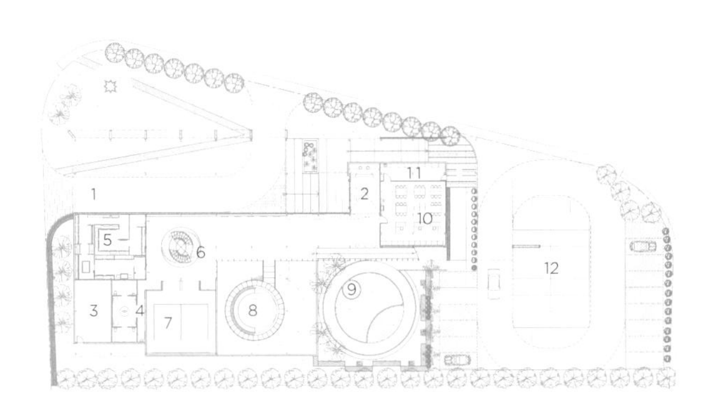

1. 迎宾车道　2. 接待柜台　3. 机房　4. 洗手间　5. 工学馆　6. 楼梯　7. 模型室
8. 环境剧场　9. 景观水池　10. 办公室　11. 储藏室　12. 停车场

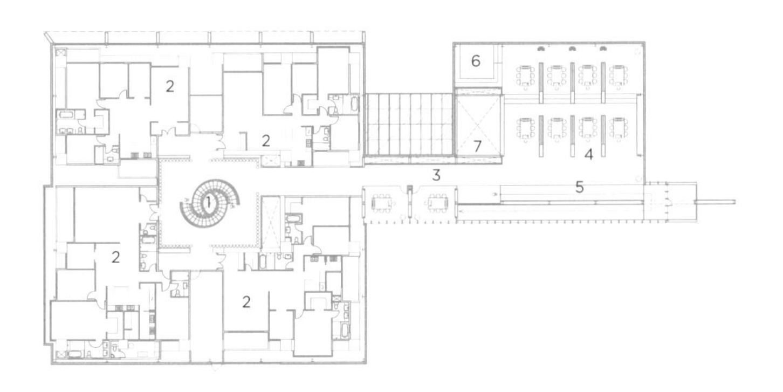

1. 楼梯　2. 样板房　3. 走道区　4. 办公区　5. 坡道　6. 吧台区　7. 挑空

大片玻璃洒落粼粼流光，月色下，水面上，迤逦一池想望。
徐步池畔，徜徉春绿，抬眼尽收未来。

现代手法串联古典元素

本案运用一系列的几何图形，并采用现代设计手法加以串联，圆形的空间语汇，景观水池、环形剧场与造型楼梯，都是此技法的现代呈现，以象征生命循环的DNA结构搭建的双螺旋楼梯，带来空间不断延展的想象，楼梯末端的四间样板房，质朴的柱列围塑出一块静谧空间，让人沉吟其中、省思再三。

震撼又沉静的空间经验

进入洽谈区，面对整片预售案的建筑基地，引领观者对未来生活的美好想像，以桁架支撑整块玻璃帷幕的缓降斜坡道，让人能在历经殿堂的神圣洗礼之后，缓步沉淀灵魂。设计者不断探索空间本质，捕捉元素、语汇以诠释空间之美，这场视觉飨宴使人了解，商业空间也能在深度上有所着墨，而非仅止于表象。玄武设计对环境与心理的精微观照，让人悠游于虚实，惊艳于有无，为参访者带来震撼又沉静的独特经验。

并立的木柱擎住天际，白色的阶梯让音律具体显现，这是素材的旋舞，是光影的乐章。
在上下之间，人们的梦想渐次开展，动静之余，酝酿更多思量。

At the second floor, visitors can walk along the long slope to turn their gaze out over the greenish garden or shimmering city, allowing people to take a breath settling down the mind and the body. Sherwood design goes back and forward to ponder how to use materials and interior arrangement which let people grasp a flash of the beauty and nobility.

Sales Center at Neihu,Taipei

暖暖含光　磅礴殿堂

远雄
新都售楼处

2008 第四届海峡两岸四地室内设计大赛 公共空间类铜奖

座落位置〉台北市内湖区
面　　积〉3076平方米
主要建材〉塑铝板、矿纤水泥板、大理石、型钢
参与设计〉欧阳毅、陈新强、蔡明宪
软装布置〉胡春惠、胡春梅
完成时间〉2008年7月

Location〉Neihu District , Taipei
Size〉3076 m²
Material〉
aluminum composite panel,
fiber cement panel, marble, steel
Designer〉
Yi Ouyang, Xinqiang Chen, Minxian Cai
Furniture〉Chunhui Hu, Chunmei Hu
Time〉July, 2008

收纳性灵的大器居所

此案以新都为名，显示业主以卓越之雄心，开创现代国际都会之博大格局。对玄武设计而言："建筑，不只是肉体寄居的房舍，更是设计者与居住者思想与灵魂对话的空间。"也因此，我们盼望用近乎宗教的虔诚思虑，结合建筑专业，为每一位参访者创造出气势磅礴的全新体验。

Majestic cathedral opens a transcendental journey

For Sherwood design, the architecture is not only a residence for human body, but a dialogue of souls between the architect and the resident. The outlook of this Display Center is a superior existence standing at the limitless expanse of the grass land. As a landmark of the district, Sherwood design decides to create an overpowering experience in this center. In the day, it is a majestic art museum waiting there for people's coming to discover the beauty. In the night, the tower glinting looks like a diamond laid there to be gathered up by someone with the discerning eye.

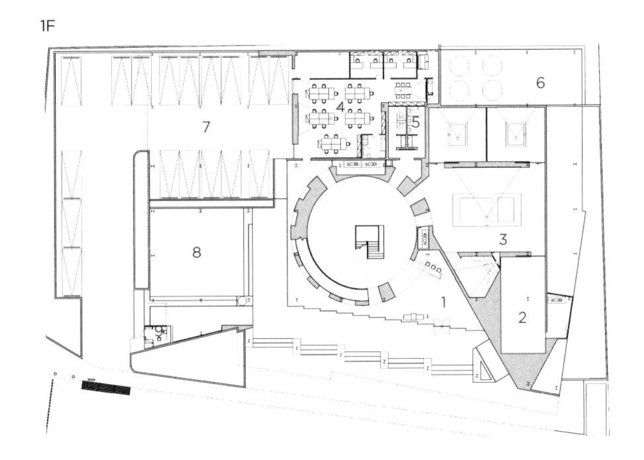

1. 售樓處　2. 工学馆　3. 模型室　4. 办公区　5. 洗手间　6. 机房　7. 停车场　8. 日式庭园造景　9. 警卫室

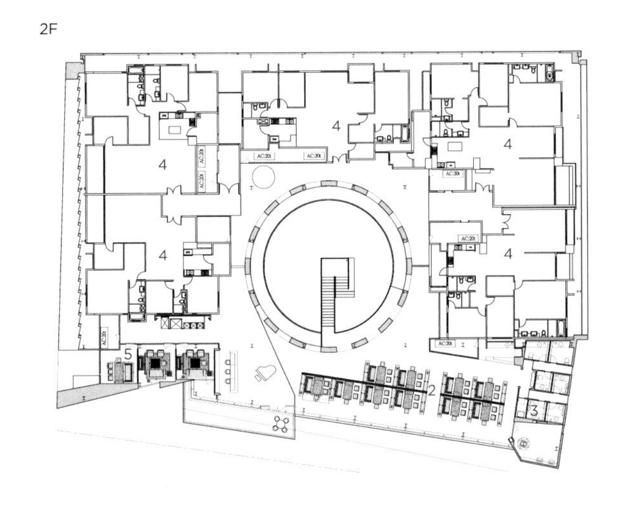

1. 挑空楼梯区　2. 交谊厅　3. 洗手间　4. 样板房　5.VIP 洽谈区

遠雄新都
FARGLORY NEW CITY

ARGLORY NEW

气势磅礴　朝圣巡礼

设计者意图将此建筑塑造为广袤中的优越存在一适昼，耸立如地标，雄伟壮观，如同让人渴望一窥堂奥的美术馆；入夜，其上光塔熠熠生辉，建物所使用的网印玻璃透出清亮光线，似是暧暧含光的金钢石。

Inside the building, a dome design deliberately imitates the Greek Cathedral by emphasizing the visual misperception that deceives visitor's eyes to believe the wall can soar into the sky. The lights are glowing like candles in the castle, bringing people to the site where monks are singing songs of praise. Visitors can experience overwhelmingly religious and aesthetical impacts that permeate their bodies and souls, and dissolve the limits of the space.

顺着停车场，沿着坡道缓步向上，设计者巧妙揭开这趟朝圣之旅的序幕。外观看似长方体的售楼处，内里却被设计者的巧手打造为挑高的圆形建筑，特意打造的壁面墙板强化透视效果，由下而上，渐变分明，让本如罗马万神殿的壮阔空间，更显高耸庄严，令人心慕神往。访客彷佛置身圆顶剧场，一方黑色阶梯彷佛暗示着主角随时可能现身，气氛凝结如水，带来沉郁的神秘意味，也让圣洁之感油然而生。

外方内圆　建筑中的建筑

室内刻意维持古堡般的昏黄灯光，壁面暗藏烛光型LED灯，烛光摇曳之中，让人恍若置身希腊圆顶教堂，教士们清吟的葛利果圣歌在室内悠悠回荡；建筑顶部以环状天窗引入自然光源，为朝圣的访客们引入天堂之光，好似带来神圣的天谕。

在此圆形结构之中，访客体验到前所未有的感官冲击，以瞻仰万神殿的崇敬之心逡巡廊室，这里是不仅是淬炼灵魂的圣堂，同时也饱含竞技场的激昂壮志。设计者赋予空间深刻意义，期望让每位访客与空间融合为一，细细咀嚼生命的颠仆，与性灵的升华。

窗外夜景如水，让一字开展的洽谈区流泻和谐的韵律，运筹帷幄，举笔笑谈，风云转度于光影之中。

离开一楼的剧场体验，设计者不忘在二楼打造洽谈区、贵宾室、样板房等必备功能。访客在经历美感洗礼之后，能远眺建地的开阔风景，将这触动人心的经验储藏在生命深处。设计者期许以敏锐之心与设计智慧，创造感动人心、饱含时代价值的瑰宝，这一份赋予空间恒久意涵的努力与雄心，在本案中表露无遗。

"生命本身就是持续不断的变化，尝试以静止的型态捕捉生命，是绝对荒谬的。"

——动态雕塑之父 丁格利（Jean Tinguely,1925-1991）

我十分向往"没有固定样貌"的建筑，如同宫崎骏动画《哈尔的移动城堡》里，

那幢随地貌、环境气候的变化调整外形的建物—于旷野中能开展，于都会中可蜷曲，

晴光下迎光入室，雨天时遮风挡雨，让人们随心所欲地生活其中，

顾及所有使用机能、满足一切生活所需。

这个想法长存于心，让我更着力于探究机械与结构的知识，

融科技概念于建筑之中，尝试将具体与抽象合而为一，

这份执着非在卖弄知识或技术，而是意欲借由机械装置捕捉宇宙生命的变化，

透过建筑的发声，人因而能够与瞬息万变的世界对话，开展新时代的美学观。

ARCHITECTURE & EXHIBITION
科技新语汇

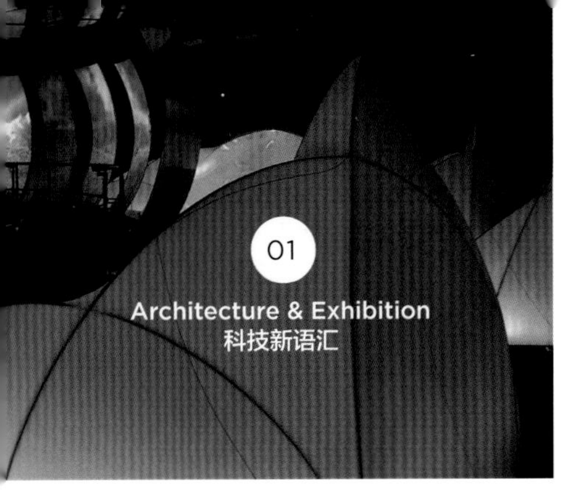

Second Hall of the Pavilion of Dreams, Taipei International Flora Exposition 2010

花蝶旋舞漾春风
2010台北花卉博览会 梦想馆二厅

2011 现代装饰国际传媒奖 年度最佳展示空间大奖

座落位置〉台北市中山区
面　　积〉444平方米
主要建材〉蜂巢型镜面不锈钢板、针织淋膜织物、热塑性PU弹性不织布、弯曲电控液晶玻璃
参与设计〉黄书恒、欧阳毅、陈新强
多媒体设计〉天工开物 + 故事巢
完成时间〉2010年7月

Location〉Zhongshan District , Taipei
Size〉444 m^2
Material〉
stainless steel, laminated fabric, nonwoven fabric, liquid crystal glasses
Designer〉
Shuheng Huang, Yi Ouyang, Xinqiang Chen
Multimedia〉TechArt + Story Net
Time〉July, 2010

繁花轮舞　空间叙事

“台北花卉博览会”（以下称花博会）的梦想馆是此次会展中最热门的展馆，唯媒体大多聚焦于其数位艺术、动画艺术与即时互动科技，至于那些惊喜的视觉效果如何在展馆空间中呈现，一般民众非得经由专业人士的引导，方能窥其堂奥。

梦想馆是一座结合艺术与科技的展览馆，规划空间动线时，必须将故事情节完美融入，而设计者正担当着“将故事空间化”的叙事者角色，如何让观众的身体行动与展览空间相契合、互动，继而达成理解，让抽象故事实践于具体的空间安排，是玄武设计的设计要旨。

由于会展主题为花卉博览会—“让观众走入花朵的世界”自然而然地成为设计的主轴，构思空间造型之际，台湾蝴蝶兰的图样立即浮出设计者的脑海。蝴蝶兰因其典雅韵致的曲线，而成为展览厅造型与布局的蓝本，经过巧妙安排，玄武设计将梦想馆二厅打造为花卉迷宫，让观众化身为一只走入花卉的昆虫，透过科技设施看见自己的剪影，展开帮花授粉、与环境共生共存的有趣故事。

Outstanding storyteller of the space

The Pavilion of Dreams which is the most popular spot at The Taipei International Flora Exposition 2010 consists of four spaces with a single storyline brings audiences to the nature and vibrant world. The Second Hall of Pavilion of Dreams designed by Sherwood design builds as a flower maze where audiences can walk into it just like insects, they can be the intermediates helping pollination and coexist with the natural peacefully.

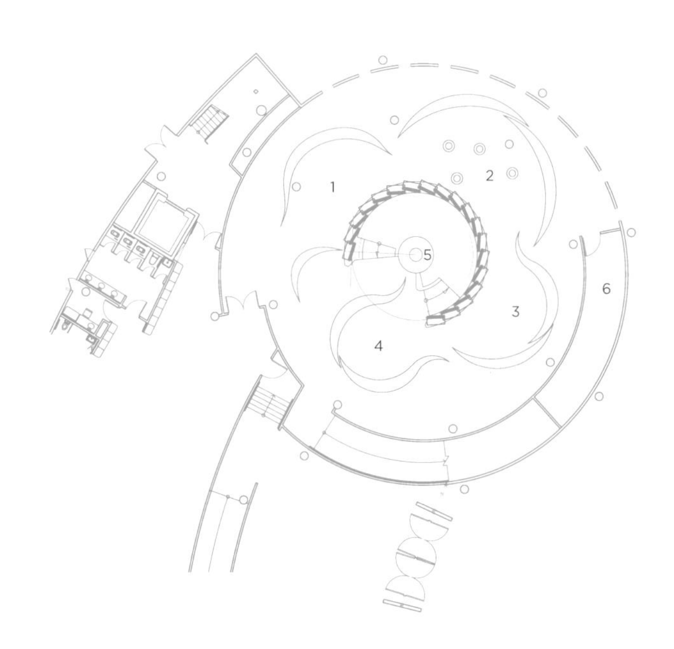

1. 变身　2. 雄蕊通道　3. 花粉小宇宙　4. 等候　5. 生命之舞 6. 机房

轻柔的灯光晕散在花瓣之间，形履拓印于时光之流，空间的韵律凝为水滴，
自顶部垂降下来，荡漾一室青绿……

化用自然　创发设计新意

展览馆本厅高度有其先天限制，玄武设计却将此问题消融于无形。天花板利用不锈钢钢板镜面，除了采用暗色系布置符合环境背景色的需要，亦可让观者的视线延伸，透过镜面反射，无论身在何处—远眺或仰望，都能将景观尽收眼底；将镜面天花板切割成蜂巢状，因为六边形堪称是自然界最完美的几何形，能以最小的周界铺出最大平面，让空间使用达致最大效能。为了让民众产生被花朵包覆的感受，空间不另加光源，地面亦用深色地毯吸收多余光线，让花瓣和天花板透出的光源成为指标系统，在花朵里自由地摸索前进；同时，地毯触感也符合花瓣的柔软感觉，让花卉迷宫更名副其实。

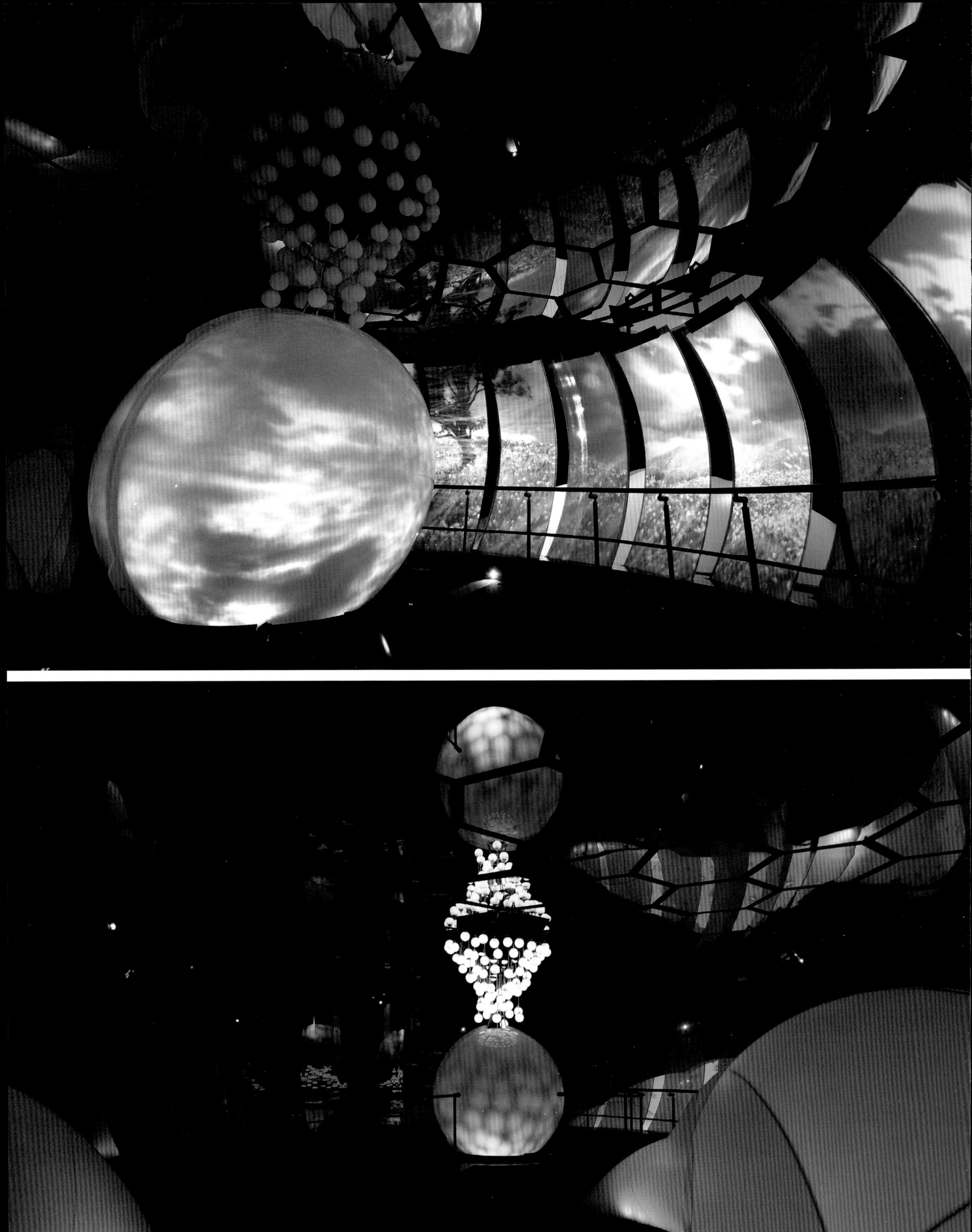

玄武设计与策展单位煞费苦心地寻找新材料与技术，如构成花瓣造型的投影屏幕，就是由工研院和台湾纺织研究所共同研发的“针织淋膜技术”纤维布，其强度表现如同塑胶板，投影效果如布幕一般清晰；花粉宇宙中的雄蕊，也是由高科技纺织品“热塑性PU弹性不织布”制成，在雄蕊模具上直接注入塑脂，而一体成型，成品不仅有纺织品的细致触感，色彩与造型表现更胜于广泛使用于博物馆展览的FRP（玻璃纤维强化塑胶）。此场域不仅展示着艺术设计的创意，更赋予产业技术一个崭新的应用机会，也替未来的展览设计业打开材料技术上的全新可能。

Sherwood design not only integrates the storyline into the space perfectly, but also develops ways of innovative experiments on materials or combined materials to present an inspiring experience in a flower. The problem of the height is solved skillfully with mirror-polished stainless steel on the ceiling, therefore the background can be extended and enable the audience to see the whole shape of the space, an orchid. The thick dark-colored carpet can absorbed the diffused light and create the feeling of stepping on petals. Alongside the path surrounded by petal-shaped projection screens, is a new fabric cloth making the fabric strengthens like plastic plate, has the same effect as a normal projection screen.

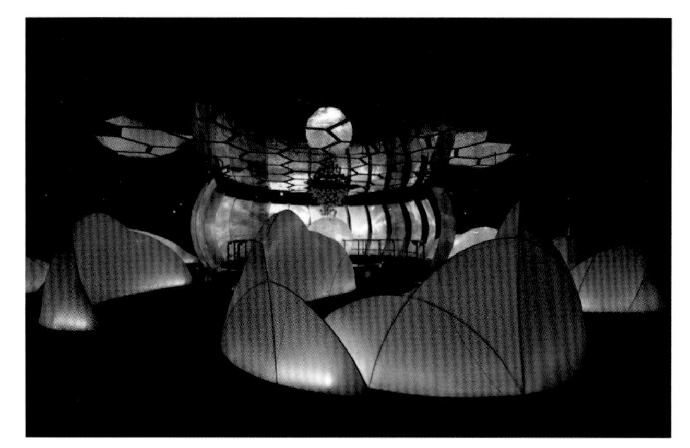

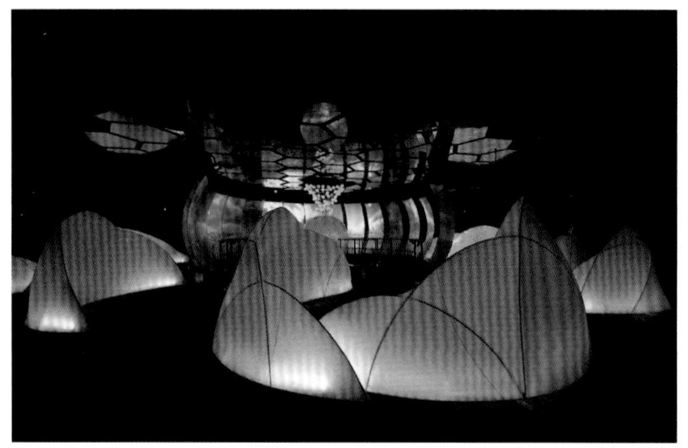

编演空间　展览不只是“展览”

玄武设计近年著力于设计住宅空间与建案接待中心，在这两类作品中，设计师居于主导位置，非设计层面（如展览行为、参观心理、大众需求等）的考虑较少；然而，如梦想馆二厅的“类博物馆”设计，属于“跨专业整合”范畴，参与者必须敞开心胸倾听各方想法，设计者常是协同者的角色，需配合展览团队的企划主轴，将展览故事与空间巧妙结合，亦必须尝试各种可能的设计与诠释手法，同时考虑材料、工法的创新实验，才能让多种样貌的事物合作无间，呈现空间里的完美演出。梦想馆二厅便是玄武设计的开创性试验，观者能在此体验灯光、摄影、故事、音乐、影像共同演出的花卉大剧，一飨耳目之欲。

It is a challenging task for Sherwood design to undertake a project in a space of the common-audience-targeted museum, in which the designer usually plays as the supporting role for an interdisciplinary team. Meanwhile in this project, Sherwood design actually plays as a director, gathering professions such as light designers, image designers, sound effect designers, story writers and architects which bring you a wonderful exploration in flora world.

座落位置〉上海市古北路与仙霞路口
面　　积〉148.5平方米
主要建材〉镜面不锈钢、钢琴烤漆、墨镜喷砂
参与设计〉欧阳毅、陈新强
完成时间〉2009年6月

Location〉Shanghai
Size〉148.5 m²
Material〉
stainless steel, forsted glass , baked painting
Designer〉Yi Ouyang, Xinqiang Chen
Time〉June, 2009

Marketing Center of Farglory Group, Shanghai

开科技之瞳 观天地之幻

远雄
上海行销中心

隐纳雄心的科技建物

作为远雄建设进军大陆市场的试金石，玄武设计担当远雄上海行销展示中心的设计大任，自然马虎不得。为强化建设公司深耕科技建筑的企业形象，设计援引变形金钢的钢甲造型作为空间主要元素，融入先进科技的互动装置，协同软硬体共构装设，实践科技美宅的想望。

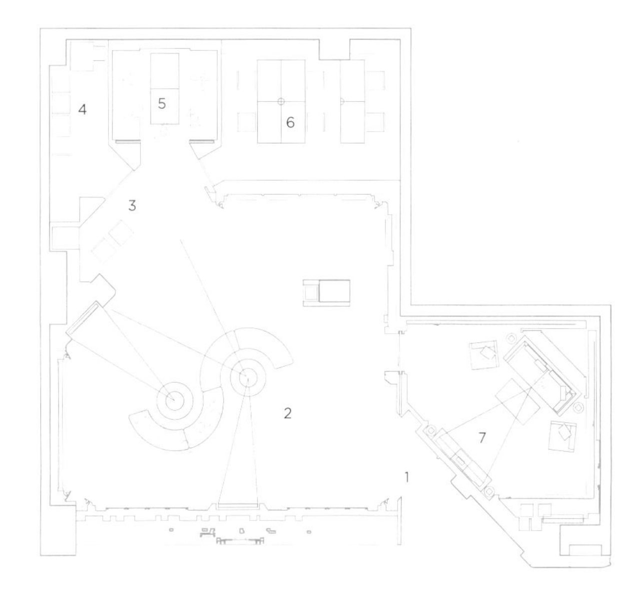

1. 入口 2. 洽谈区 3. 接待柜台 4. 储藏室 5. VIP 室 6. 办公室
7. VCR 室（数位家庭场景）

装置　窥视未来

入口处撷取机械表精密的作动原理，设计一款名为“未来之瞳”的互动装置，凭借相机光圈的感应启动装置，当造访者行经入口时，中间有如瞳孔的装置随即开展，配合特殊的声光效果，引领参观者窥探未来生活的便利之道。

Transforming age, transforming Space

As a touchstone for entering the market of China, the Farglory Marketing Center at Shanghai plays an important role for promoting the enterprise's image as the magnate in architecture. To fulfill of this goal, Sherwood design translates from the structure of "Transformers" as the aesthetic concepts for shaping the space, and emerges modern interactive devices into the space, to build up a model of the Technology House.

遠雄 Farglory

设计　匠心独具

玄武设计精心规划空间剧情，体现收放自如的视觉张力，跳脱商业化的单向情境，以形而上的建筑价值，突显与众不同的展销宗旨；细部装设注重不同材质的个性表达，透过彩度、造型的细致考虑，以拼接、组合技巧将素材交融为一，展现超脱于普罗生活的极致工艺。

The precise mechanical device called "The Eye of Future" installed at the entrance will trigger its shot automatically like a camera when people pass by. It is a preview that tells people entering into a hetero space. In the display area, surrounded by armor plates elaborating a new form of exhibit panels, and the shape extends to the central combined with red chairs to point out the traffic flow. Sherwood design successfully manipulates several visual interactive factors to open an interchange between human and technology.

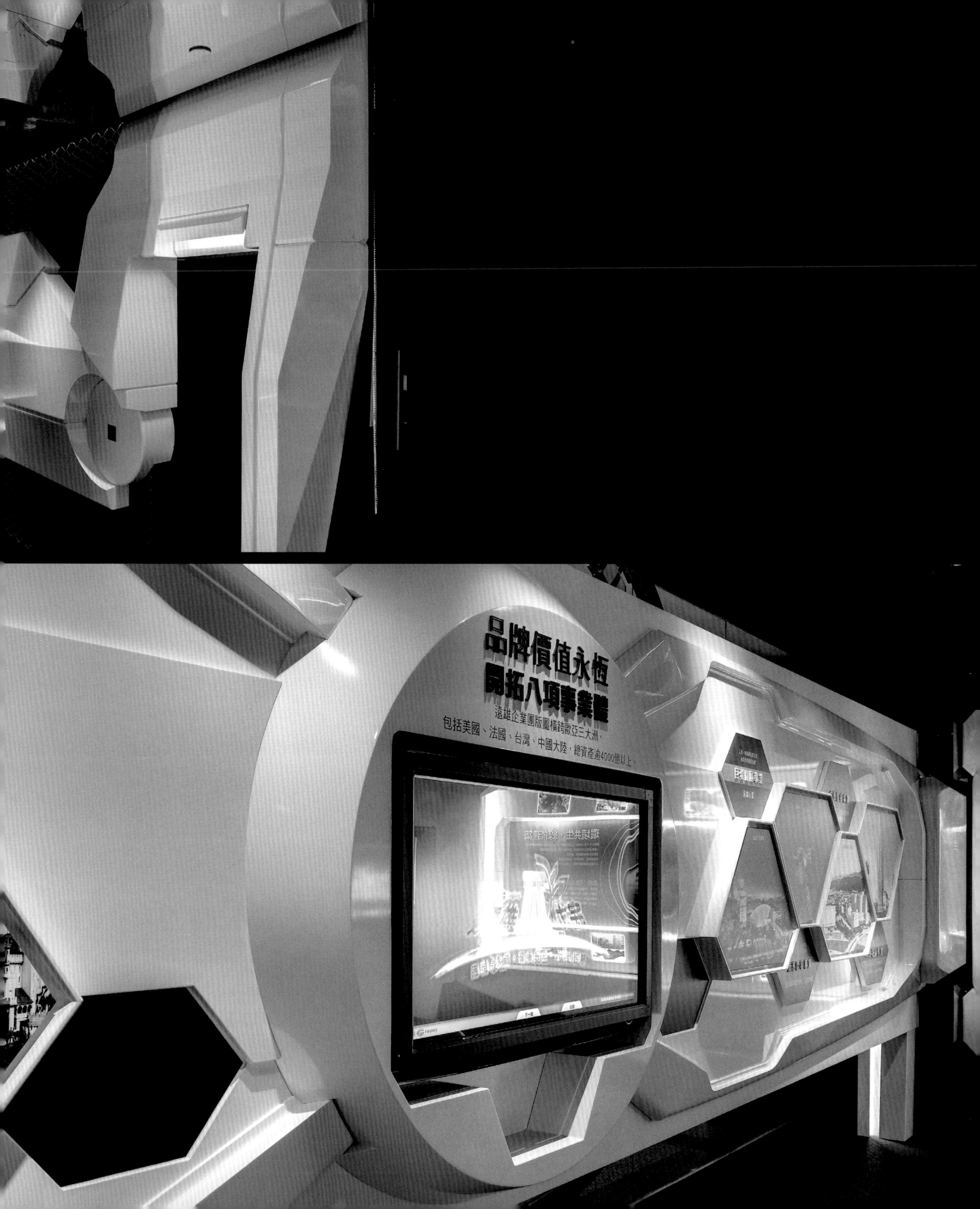
品牌價值永恆
開拓八項事業體
遠雄企業團版圖橫跨歐亞三大洲，
包括美國、法國、台灣、中國大陸，總資產逾4000億以上。

Sales Center of Mercedes Benz, Kaohsiung

扬风骋梦 纵驰人生

中华宾士
展售中心（高雄）

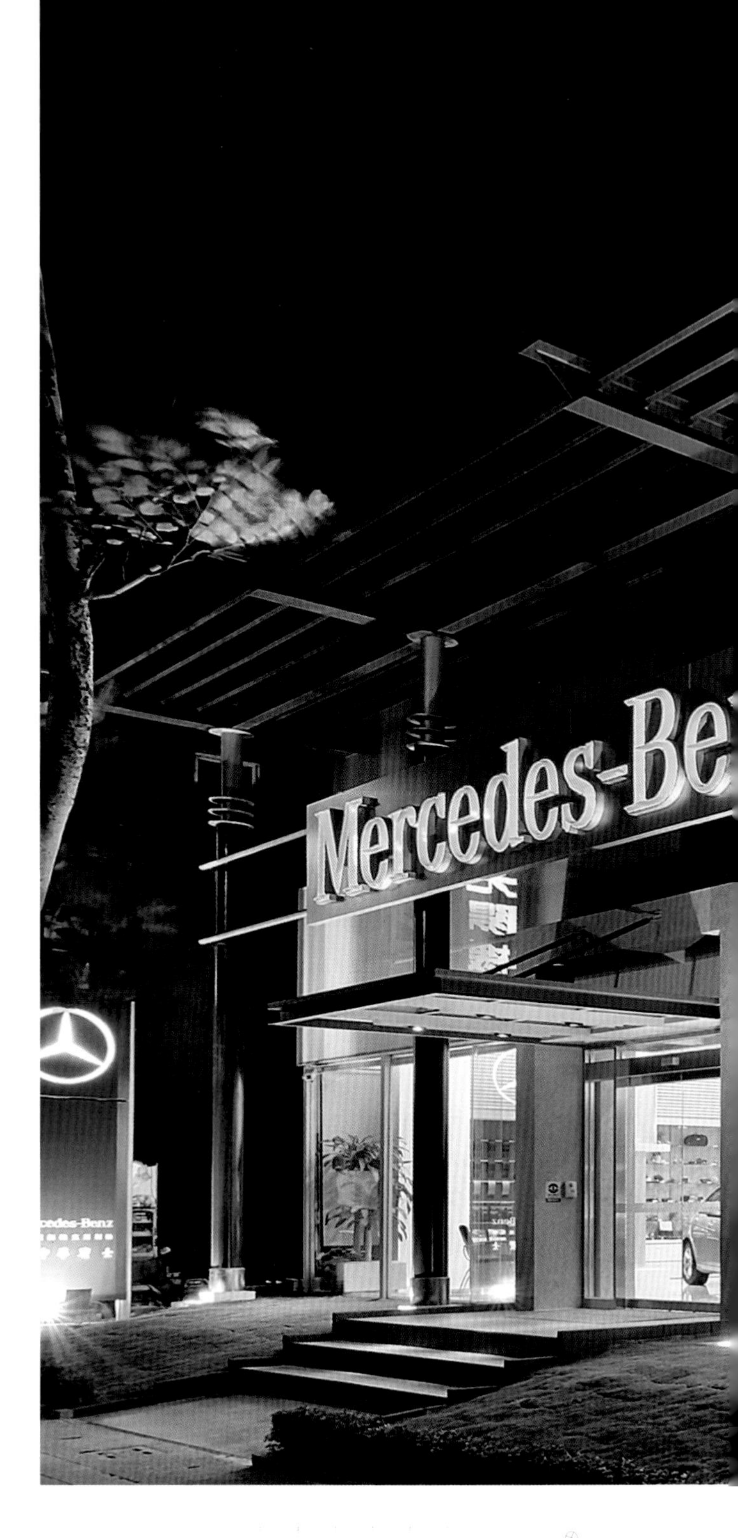

座落位置 〉高雄市
面　　积 〉455平方米
主要建材 〉马来漆、抛光石英砖、胡桃木皮、水泥板、喷砂镜、复金属灯
参与设计 〉欧阳毅、陈新强、林彩雯、陈佑如
完成时间 〉2007年12月

Location 〉Kaohsiung
Size 〉455 m²
Material 〉
polished tiles, walnuts, lights, mirrors
Designer 〉
Yi Ouyang, Xinqiang Chen, Caiwen Lin, Yorui Chen
Time 〉December, 2007

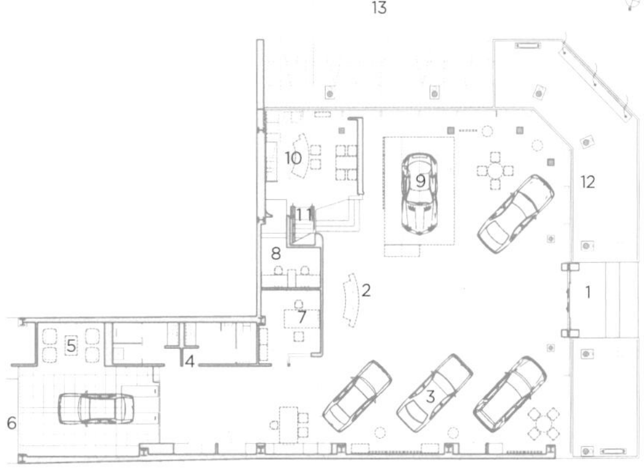

1. 入口　2. 接待柜台　3. 展示区 A　4. 洗手间　5. 交车区　6. 展示车入口　7. 业务经理办公室　8. 助理室　9. 展示区 B　10. 吧台休闲区　11. 楼梯　12. 造景区　13. 停车场

品牌精神与建筑设计的巧妙结合

“中华宾士展售中心”位于高雄市的繁华区域，建筑外观为一多边形设计，正立面以多根蓝色柱体，强调本体的高耸气势；其上以线条飞檐，扩大水平视野，这是设计者巧妙运用Mercedes-Benz的品牌标志，以飞箭银、深夜蓝两个颜色，做为建筑主色的创意。展售中心外观用线条作为架构主轴，以垂直线条擎住水平线条，成功修饰西晒与开窗面不一的问题。两者之间的微妙张力，结合科技感的冷调，与严谨的几何工艺，让建筑外观更显突出。

Driving to the front rank of world elites

Mercedes-Benz is the best well-known and the oldest automotive brands today. For more than 125 years, the company has repeatedly underpinned its claim to technological leadership. Innovation is the key to success for a car manufacturers and architects.

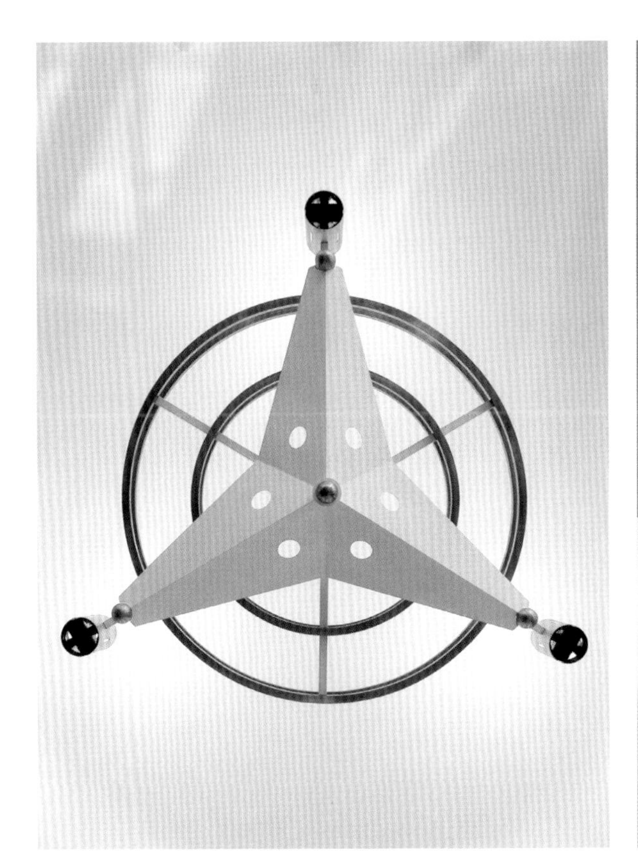

座落位置〉台北市内湖区
面　　积〉245平方米
主要建材〉波龙毯、壁纸、玻璃隔断
参与设计〉黄书恒、许棕宣、陈昭月
完成时间〉2010年9月

Location〉Neihu District, Taipei
Size〉245 m²
Material〉
Bolon carpet、wall paper、glass partition
Designer〉
Shuheng Haung, Zhongxua Xu, Chao Yueh Chen
Time〉September, 2010

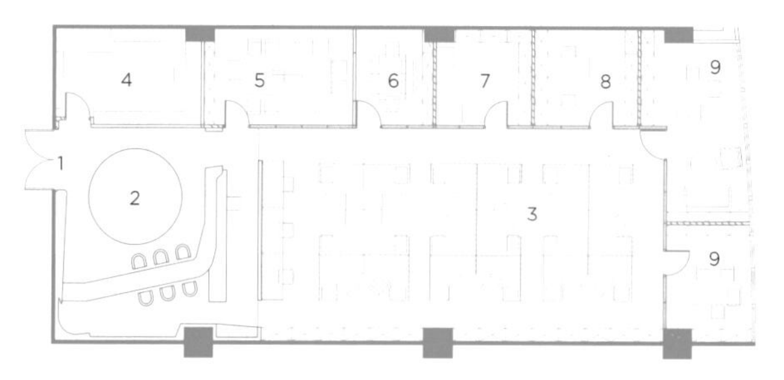

1. 入口　2. 展示区　3. 办公区　4. 储藏室　5. 大会议室　6. 小会议室　7. 事务办公室　8. 财务室　9. 主管办公室

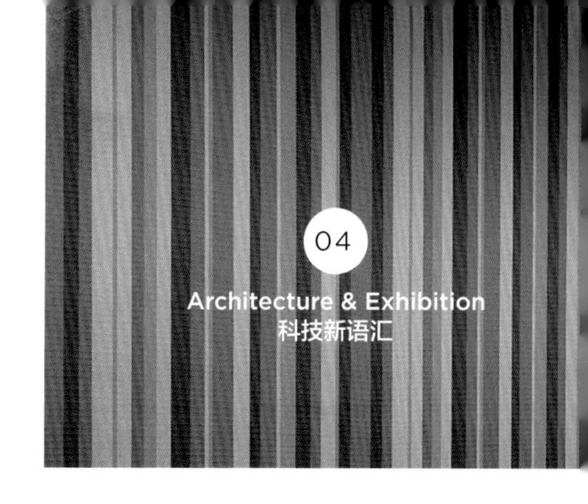

Bolon office

虚实交错 熔铸艺术空间
波龙办公室

艺术成就生命底蕴

美学，是人生永恒的追索，对于身处都市丛林的现代人而言，艺术利用色彩、线条的交错，幻造出一块休憩的净土，让人们驰骋感官、试探极限，同时又能在一派从容之中，体会生命真义，这种虚构与真实、色彩与线条的恣意游戏，便成为玄武设计规划"波龙艺术"办公空间的基础思考。

办公空间的设计考量与一般样板房／售楼处截然不同。后两者的生命周期较短暂，一旦专案销售完毕，无论空间策略多么精细华美，终将面临埋入尘土的命运，而这"稍纵即逝"的特质，也让它们成为设计者尽情挥洒创意的舞台，期望在有限时间里，体现梦想的最大值；而办公空间作为工作者长时间浸淫之所，不仅必须呈现最合宜的动线，更因为办公室担任"企业门面"的重要角色，每一处细节都必须紧密贴合企业的精神与特色，以高妙的设计手法体现企业的深沈思维，不仅能在业界独树一帜，亦能使访客的耳目倍感惊艳。

"Bolon" is known as the most famous carpet company in the world. According to its colorful and lively concept, Sherwood design tries to perform colors and lines as the most weight essences to the space. The lobby is filled with "white", the pure color which contains changeable and powerful meaning;"Blue" play an important role to separate the space, performing the perfect balance of relax and serious.

Besides, "line" is another important strategy of design. To Emphasis the fiction and real world, designers use a lot of straights and curves to convey the deep meaning of the space which attracts consumers' sight and mind.

波龍藝術有限公司

BOLON

幻化有无　遁走虚实

“波龙艺术”以特殊的编织技术闻名业界，织毯上的绣线纵横交错，利用独家技术呈现繁复纹理而不显累赘，让使用者借由色彩与线条的轻舞，逡巡于真实与虚构之间，这种若有似无、如真似幻的企业内蕴，便成为设计者规划此空间的出发点。

玄武设计采用白色作为墙面与天花色泽，以明亮与轻盈感浸润访客的感官，“白色”是每种颜色的起源，设计者使之成为办公室的统一色泽，隐喻著工作者萌发创意的基底，同时白色背景也让产品的摆置效果倍增，多采多姿的织锦样品整齐置于架上，俨然成为一座独立艺术品。以大地色调的织毯铺满洽谈空间，与墙面摆置的横向地毯互相呼应，不仅符合企业精神，同时也提供访客了“脚踏实地”的实在感受。走近主要办公区，可看见设计者选用蓝色玻璃分隔内外空间，与门厅的大片纯白，亦接壤主要办公区的铁灰，维持与访客商谈的轻松感，亦无损工作者应有的严谨气质；另一方面，轻透的蓝色也提升视觉广度，让空间动线默默延伸，营造更自在、从容的空间氛围。

于本案中，设计者不仅搬演著高妙的“色彩策略”，也投注相当心神于“线条技艺”。走进洽谈空间，圆润的弧线提升天花板的活泼感，一路延展至墙面交接处便笔直往下，借由持续起伏，灵动地勾勒出每面墙的功用—样品架、摆置画作／招牌、乃至与立体桌面巧妙化为一体，可以看见，设计者无意卖弄过多技巧，反借由简单干净的线条，呈现深沈而活跃的设计想像，利用起伏、凸起和隐藏等各种视觉魔术，让有形的线条化为无形，达到无尽延伸的果效，不停盘旋、充满转折的线条，演绎著虚实的互动关系，让置身其中的人们游走于有无之境，享受设计者带来的丰富内蕴。

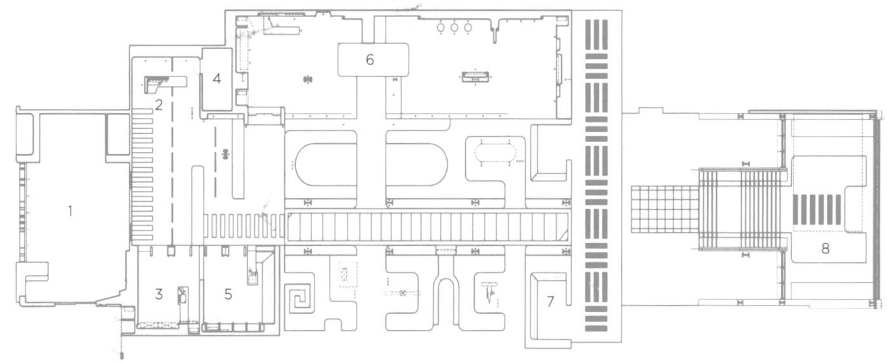

1. 進化廳 2.U 一大街 3. 智慧無人商店 4. 儲藏室 5. 智能無人圖書館 6.U- 會館 7. 明日環保花園 8. 未來之丘瞭望平台

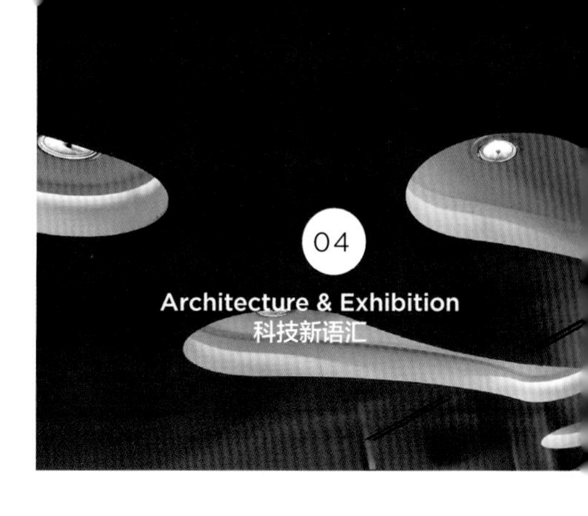

Pavilion of Future Life 2015

想象梦土 怡然未来

远雄
未来生活馆

科技情致　未来大观

需要预约、并由专人导览的“2015未来生活概念馆”，是建筑界的下一个惊叹号。随着时代改变，人们应该在盲目追求与完全拒绝科技之间，找到适切的平衡点，人性化科技的灵活运用，正是设计者发挥对未来生活的想象力，体现科技、自然与人性三者的融通之功。于此，科技并非冷峻的象征，透过设计者的巧手，科技的温柔情致能够充盈生活，成为人们的亲密友伴。

Farglory plays a leading role in developing technological and ecological residences these years in Taiwan. In the new development project at Linko, New Taipei City, Farglory builds a “Pavilion of Future Life 2015” as a demonstration of smart home and their ambitions to realize the Second Generation House commitment.

The Pavilion shows how the technology and humanity integrates with each other, and the image of technology can be thoughtful, smart and fully interactive.

座落位置 〉台北市
面　　积 〉700平方米
主要建材 〉地毯、烤漆、喷砂玻璃、立体绷布
参与设计 〉陈新强、蔡明宪
完成时间 〉2008年7月

Location 〉Taipei
Size 〉700 m²
Material 〉
baked painting, forsted glass, tension cloth
Designer 〉
Mingxian Cai, Xinqian Chen
Time 〉July, 2008

展项介绍

智慧型无人商店 Intelligent Shop

智慧型无人商店在每样商品贴上RFID(无线射频辨识)标签，利用RFID无线感应的功能，系统可自动读取商品数量，加上感应式信用卡即可完成交易流程。

人脸储存监控

Face Tracing Monitoring

透过智慧型监控摄影机(DVR)将经过的人脸储存下来，运用软件判别，判别出的脸孔可用影片或快照的方式纪录。

虚拟围墙 Invisible Fence

如社区水池、围墙等特定区域，利用智慧型数码摄影机(DVR)设定一条或多条虚拟的围篱，当有物品或可疑人物穿越围篱，或以错误方向进入时，DVR画面将自动发出警示。

POS摄影系统 POS Camera System

POS摄影系统将POS交易与其他相关资料显示于监控影片上，即时监控、录制每一笔交易。

电梯自动下降 Automatic Elevator

电梯自动下降用于社区，住户感应门禁卡之后，后端系统自动搜寻该住户的住所，该栋大楼的电梯将自动下降，住户不必动手操作电梯。

太阳能风力照明

Solar and Wind energy Light

太阳能风力照明设备利用太阳能、风力发电，并以储存电力供给照明配备，内含IPv6摄影机，透过IPv6摄影机可即时监看社区影像。

智慧型无人图书馆 Intelligent Library

智慧型无人图书馆每一本书都贴上RFID(无线射频辨识)标签，搭配可读取RFID标签的自助借还书设备，透过卡片无线感应功能，即可完成借还手续。

数码看板 Digital Bulletin

数码看板轮播社区生活资讯，包括画作欣赏、社区公告、社区活动讯息、公车时间、农民历、气象资讯，住户利用门禁卡进入社区时，数码看板会显示该住户包裹讯息。

RFID音乐座椅 Musical Chair

RFID音乐座椅内建感应器，利用具有RFID晶片的门禁卡识别使用者身份，感应后系统会立即透过网路连结到个人音乐资料库，由内建喇叭播放个人化音乐，呈现专属于个人的音乐喜好。

公车到站

Bus Stop with Real time information

公车到站资讯系统能提供公车到站时间、动态、位置、各站间预估车程，供人查询相关交通资讯。

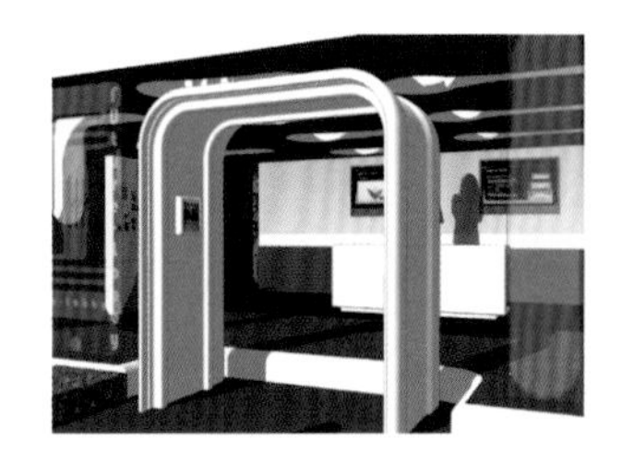

IP信箱 IP Mailbox

IP信箱分为不同大小，可储存各式低温食品，提供住户或宅配公司存货、取货需求，具有信用卡付款功能。

气象地震仪 Weather Meters

六合一／气象地震观测站，观测项目包括：风向／风速计、温度／湿度计、大气压力计、雨量计、紫外线日射计及地震震度计。

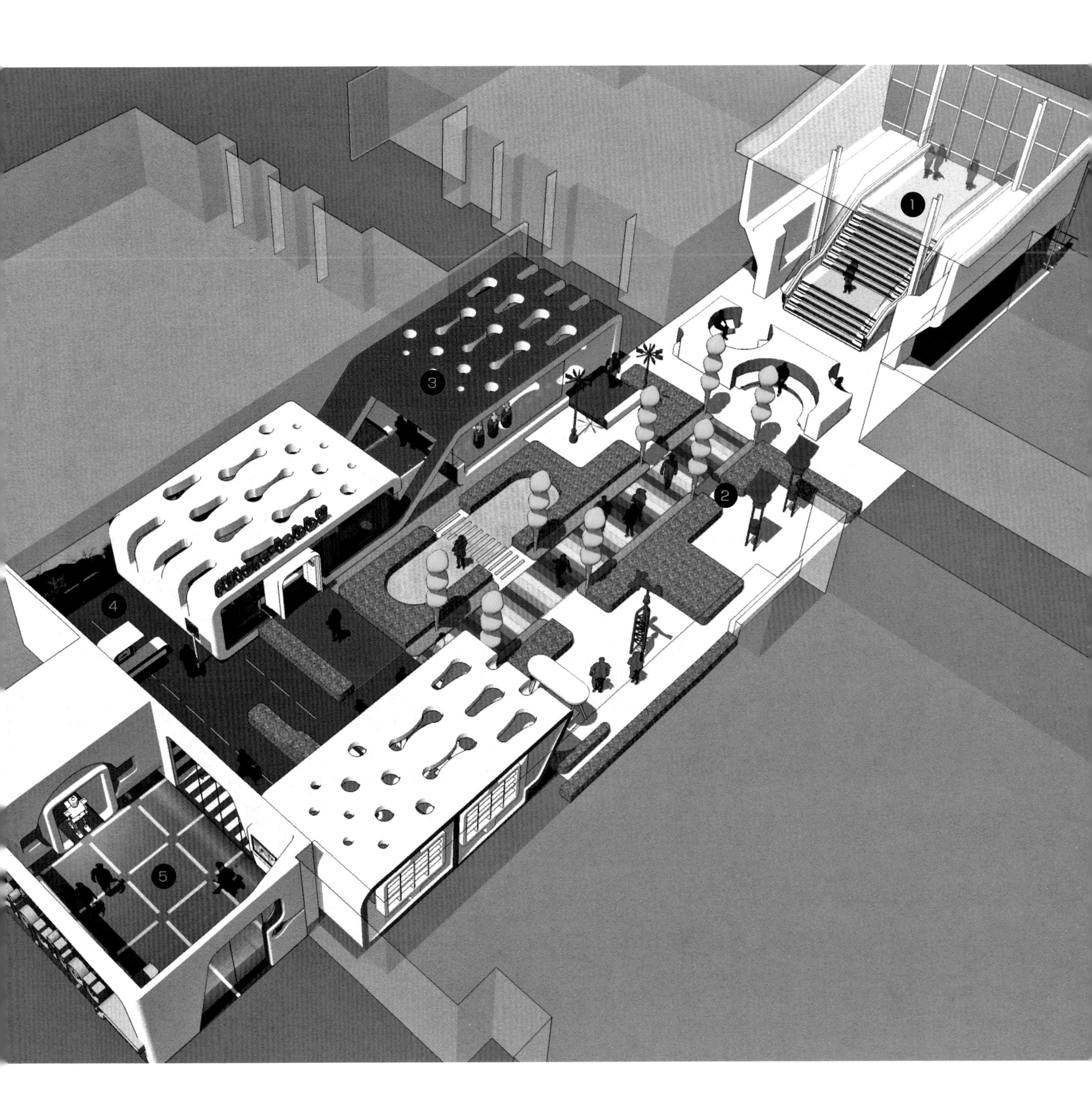

①未来之丘眺望台 Gazebo Of Future Hill

②E&U 花园 Environment & Ubiquitous Garden

③U 会馆 Future Lobby

④U 大街 Ubiquitous Avenue

流动线条勾勒一片湛蓝之海，酝酿着无数清亮的、朦胧的愿望

智慧型無人圖書館
智慧型無人商店

U大廳

无数几何组成视觉元素，方形、圆弧、曲直的线条勾勒着日光，随着步伐一路延展，
舒朗的绿与热情的红相映成趣，犹如未来生活的背景音。

2015
LED
街燈

Headquarter of Lien Yuan Construction Inc.

象天法地 建筑禅思

莲园
Star-Tech国际总部

幽微匠心　科技建筑的人文思蕴

建筑文化的深度意涵，始终是玄武设计费心琢磨之处，而本案从架构到细节的考量，以及对于光影变化的掌握，都可体现设计者在空间中的壮阔思维。

所谓“高科技建筑”，并非以令人目眩的外表、天马行空的架构取胜，而是将高科技隐藏于建筑细节之内，将科技的精巧功能，以不断超越的精神体现于实体，撼动观者的身心。

Flagship in the Science Park

Located at the Science Park of the capital, headquarter of a promising company has to be a landscape of the city. The architect is a fan of the contemporary look the metallic finish provides, so he selects curtain wall system that is commonly used on many industrial building exteriors to provide modern and clean feelings. Vertical tracks and horizontal panels that comprise of the main body of the building, which make it look like a space ship shining in silver waiting for the launch. The river mirrors building's color perfectly.

1F

4-5F

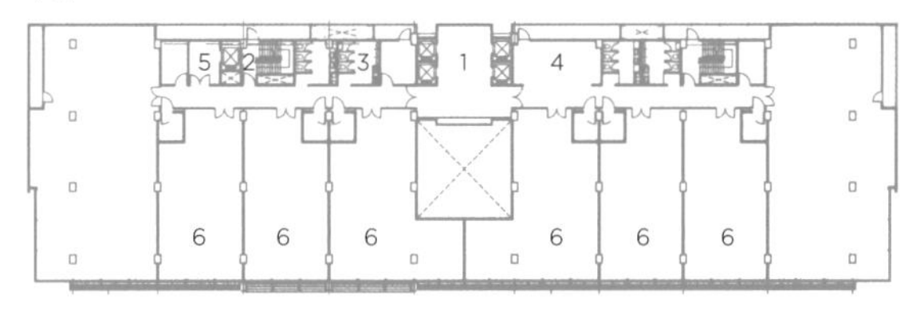

1. 车道入口　2. 入口大厅　3. 甲楼梯　4. 乙楼梯　5. 电梯厅　6. 茶水间
7. 金融保险业　8. 男厕　9. 女厕　10. 货梯间

座落位置 〉台北市内湖区
面　　积 〉17824平方米
主要建材 〉帷幕墙、干式石材、丁挂砖、特殊钢构、网印玻璃、反射玻璃、铝百叶、翼形百叶
参与设计 〉董仲梅、吴昱廷
完成时间 〉2004年10月

Location 〉Neihu District, Taipei
Size 〉17824 m²
Material 〉
metal curtain wall, marbles, tiles, reflective glass, ceramic silkscreen glass, aluminum boards
Designer 〉Zhongmei Tung, Yuting Wu
Time 〉October, 2004

DECO 家飾生活館
18-1
租
18
STAR TECH
DISH

暮色昏黄，墙面反照着迟迟的流光，钢骨形构的主体伫立一方，与透亮的玻璃帷幕形成刚中带柔的修辞。

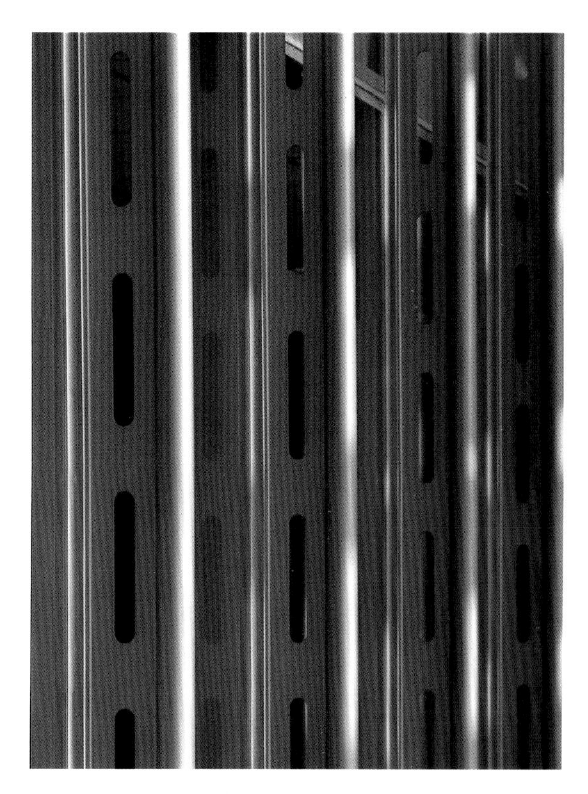

透明清亮　完美延伸的无限张力

本案运用水平、垂直式帷幕，与水平、羽板型遮阳板四种系统，架构出建筑立面的主体，晶透的表面底下，显露着企业内部缜密的组织肌理。以“光之伸展台”的方式，让整座玻璃建筑如冰刀发亮，似将逆风而起。总部外观以穿透性的智慧玻璃帷幕为造型元素，远观如太空精密航舰，金属的银白光泽充分展现其菁英神采，将企业总部的非凡气宇，完美映照在民权大桥的科技蓝湾。

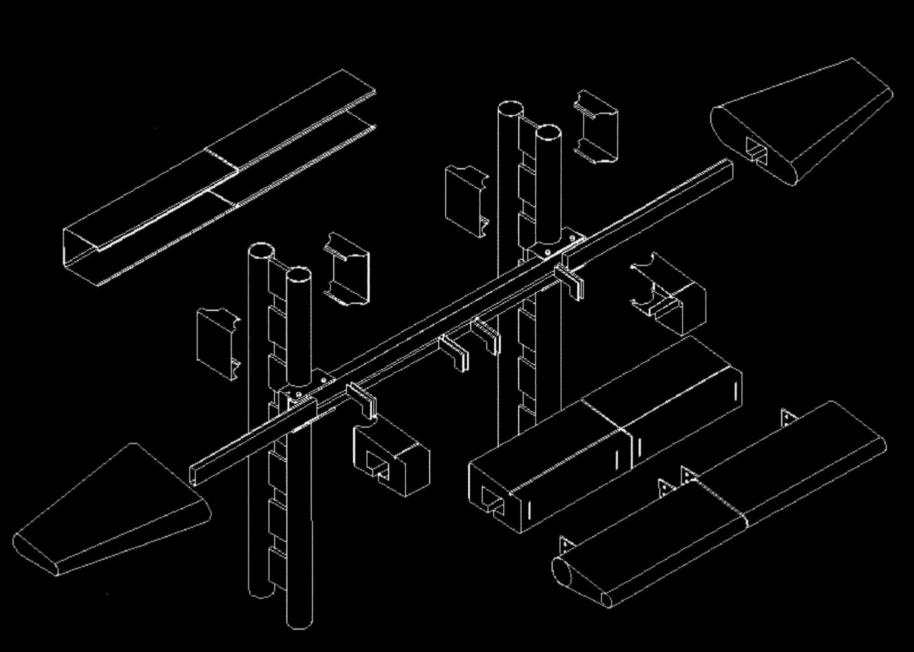

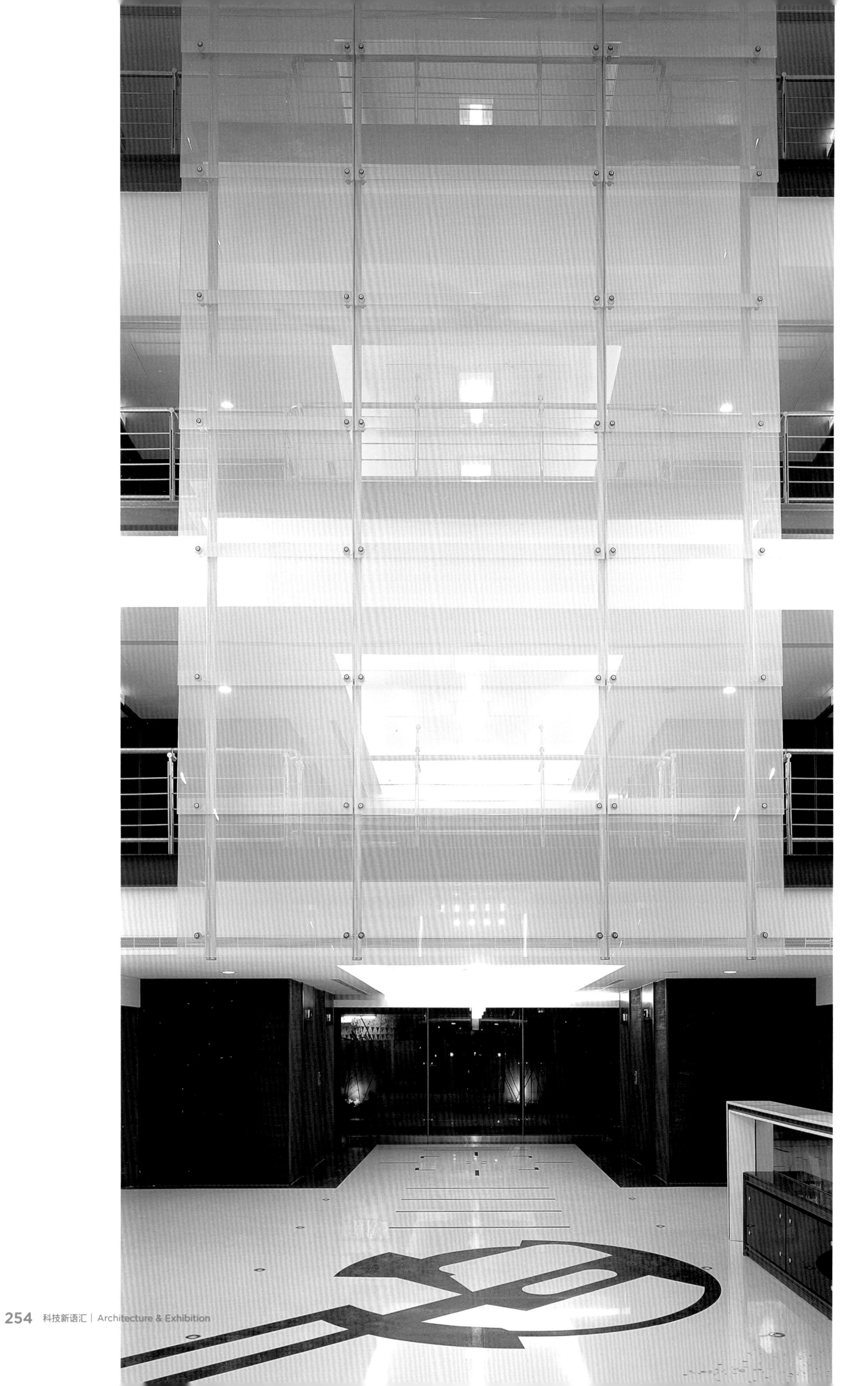

The reflective properties of metal ensures that any rays that hit the building bounce back potentially saving the building owners money on cooling. But Sherwood design still makes strategies to allow some natural lights can penetrate deeper within the building according to the principles originated from Chinese "Feng Shui" which manipulates with water, wind and light can make" Chi" flows which can make the space interact with human beings and bring health and benefit for the people living there. When modern technologies collide with traditional wisdoms, they can make sparks of innovations.

藏风聚气　蓄势待发的无形能量

在精辟诠释建筑美学之外，玄武设计更运用中国的堪舆法则，呈现于入口与大厅的布局之中，内化于人身潜能。入口设计采用古希腊进行灵魂洗礼的涉水仪式，暗喻著观者将体验到洗礼之后的愉悦与安然，获得生命的崭新能量；两旁水池夹道象征"藏风聚气"之理，借由水纹波动带入风之轮转，站在广阔的挑高大厅，让寰宇大气灌注全身，石墙上的日影是遁入太虚的指引，"科技"因而与人、与自然完美地合而为一。

采光也是令人惊艳的重要元素，玄武设计以遥控天幕的理念，让温暖和煦的阳光洒落室内，如无所不在的知识力量，同于思考转化科技的过程，Input（输入）的是阳光，是创意；Output（输出）的是绚烂光影，成为改变世界的力量。

一座有互动力的企业总部，适足带动整座区域的整体行动。设计者借科技之力，沟通失落已久、生生不息的运命与连结，援引前卫的现代建筑理念，打破国界、时区、内外的限制，展现禅思与科技融通的结晶之巅。

"开天一生水，壬癸谓玄武，以是设计观。"
玄武，为中国远古神话的四圣兽(左青龙，右白虎，南朱雀，北玄武)之一，传说为龟蛇合体的神兽，具有先知先觉、恒久不息之性，可引申为佑护世人的精神能量；体现在营运的理念上，玄武设计一方面自许具有灵蛇般灵活的应变能力，另一方面，却也能如灵龟般踏实，将设计付诸实现。

虽有着传统意味十足的公司名称，但放眼望去，办公室内尽是玻璃和钢架结构—机械美学的重要体现，是黄书恒负笈英伦时的最大收获，也成为其设计与众不同的特征。

Turn the key to the dream; turn round conditions to the perfection
"Sherwood" is often translated as Black Tortoise in English, it is usually depicted as both a tortoise and a snake, specifically with the snake coiling around the tortoise. The tortoise and the snake were thought to be spiritual creatures symbolizing longevity and wisdom that are the virtues expected to achieve by Huang himself and his company—Sherwood design. Though having a traditional Chinese name, headquarter of Sherwood design is constructed by glass and steel, the form that Huang loves the most and identifies his personal design style.

Headquarter of Sherwood Design

旋梦想之钥 僢观止之境
玄武设计总部

座落位置）台北市信义区
面　　积）175平方米
主要建材）金属烤漆、网印玻璃、金属网、企口金属板、地毯
参与设计）欧阳毅、许棕宣、谢明娟
完成时间）2005年7月

Location）Xinyi District, Taipei
Size）175 m²
Material）
steel panels, steel nets, baked painting, ceramic silkscreen glass
Designer）
Yi Oyang, Zhongxiuan Xu, Mingjuan Xie
Time）July, 2005

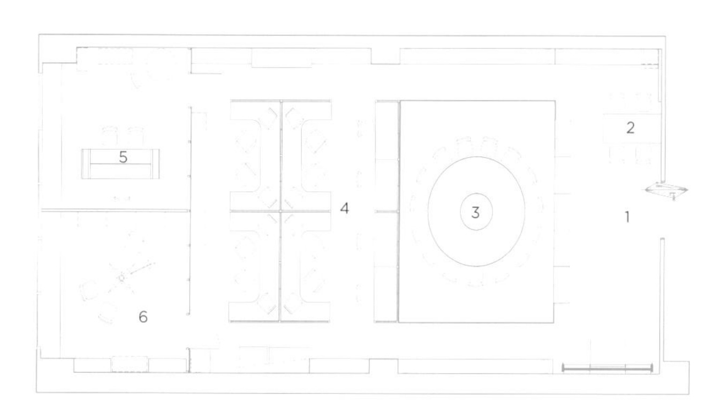

1. 入口 2. 小会议桌 3. 大会议室 4. 办公区 5. 主管办公室 6. 建筑师办公室

机械美学　融入传统省思

在事业迈入第二个十年之后，玄武设计在创作时更着重意义的溯源，尝试回归中国传统，以深厚的文化底蕴作为思考基础，玄武设计总部在架构与细节上的创意，正是文化回归与融合的最佳例证。

会议室，如一只被抬高的玻璃宝盒，当光透过地面玻璃从下方照射上来，整间会议室犹如一件透亮的精致展品，玻璃门上悬挂著玄武设计的LOGO—从传统门扣演化成的龟蛇合体，按照传统的榫合原理连结不锈钢和透明亚克力，是设计者交融古今的完美尝试；圆桌中心轻托着透明弧形的玻璃盆，以一滩池水及翡翠石，暗藏风水学"藏丰聚气"之理，两边墙面以不同层次的黑色质地衬底，烘托玻璃钢构造的细部美学，种种细节皆陈明：现代机械的运用之中，隐带著传统文化的古老灵魂。

传承自古典的意念，圆桌象征着同心协力、勇往直前的坚定，
多少复杂、多少困难，都能在携手之间化为无形。

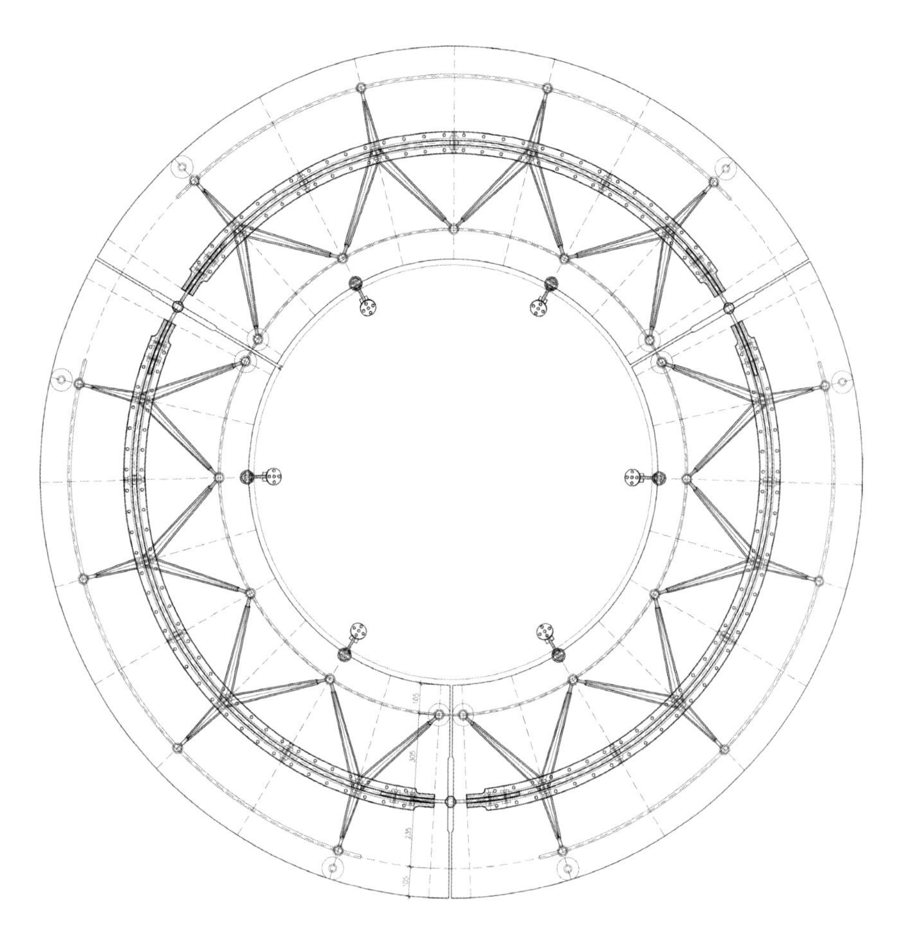

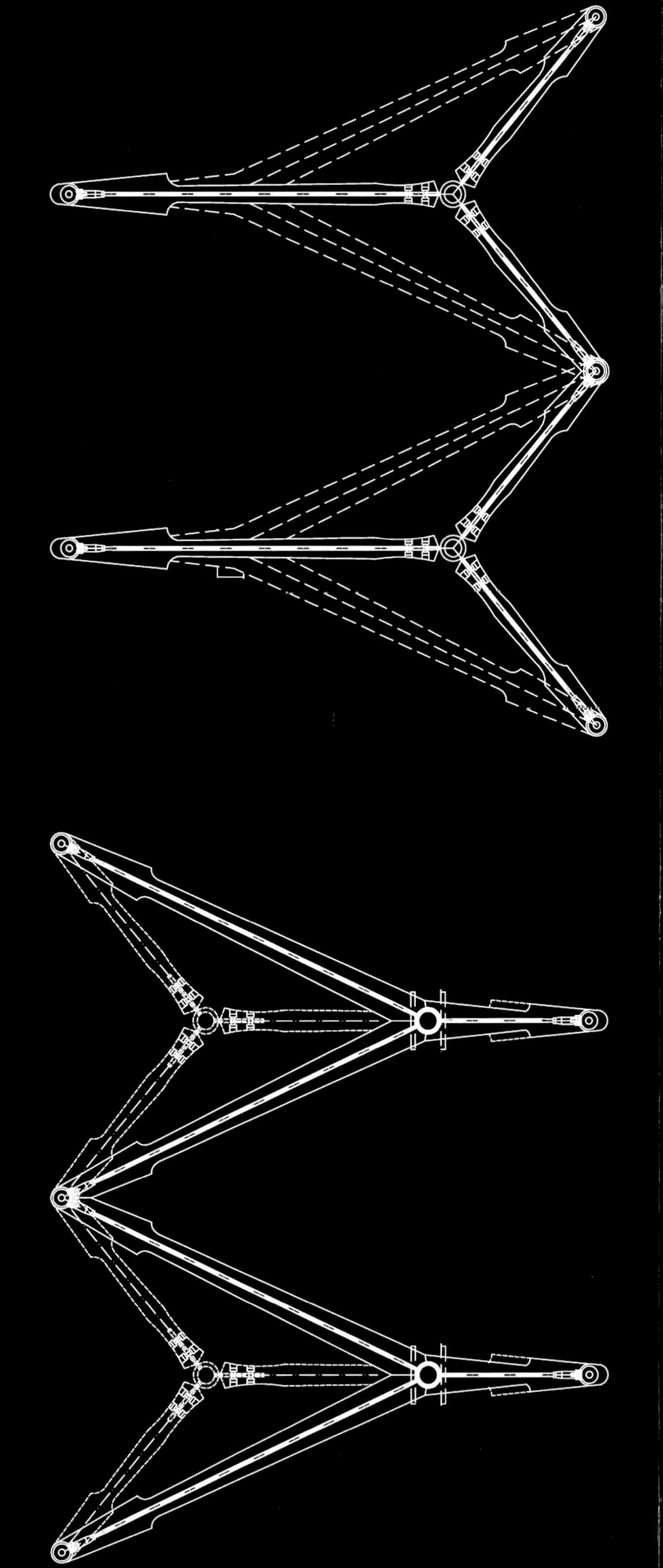

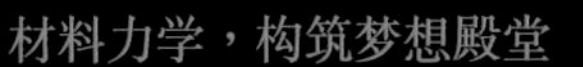

材料力学，构筑梦想殿堂

会议室中心，摆设着由设计者倾心打造，被称为“第三代钢构家俱”—玻璃钢构的圆桌，再一次挑战设计者对材料与力学的把握，蕴含拉近距离、向心合力的能量。为使整体架构更轻便，钢板的选用也需更轻薄，但要承受厚重的玻璃压力，就必须变化形体增加结构强度，即所谓“形抗结构模式”，让桌脚变换角度，形成三角形构造，灵感来自童年的折纸游戏。

The entrance gate is composed by a delicate mechanic structure with a steel claw catches a big glass and connected to the rotating axis. The conference room is made by acrylic supported by steel structure, which looks like a glass jewelry box glows when the light coming out form its base, and its fashion and modern look initially comes from the ancient soul by applying the ancient technology “mortise and tenon” to constitute the whole structure.

这个现代版的圆桌殿堂，实则隐含侠义、责任、荣耀等古典的骑士精神，以平等之姿、不可或缺的凝聚力，追求设计的理想“圣杯”。对玄武设计而言，透过各种建筑、人文、自然、文化意符语汇，我们将紧握梦想的钥匙，推开一扇又一扇的创意之门，驰心绪之幽径，骋骏思之大道—继续寻幽探胜，探究这一趟奇妙的生命之旅。

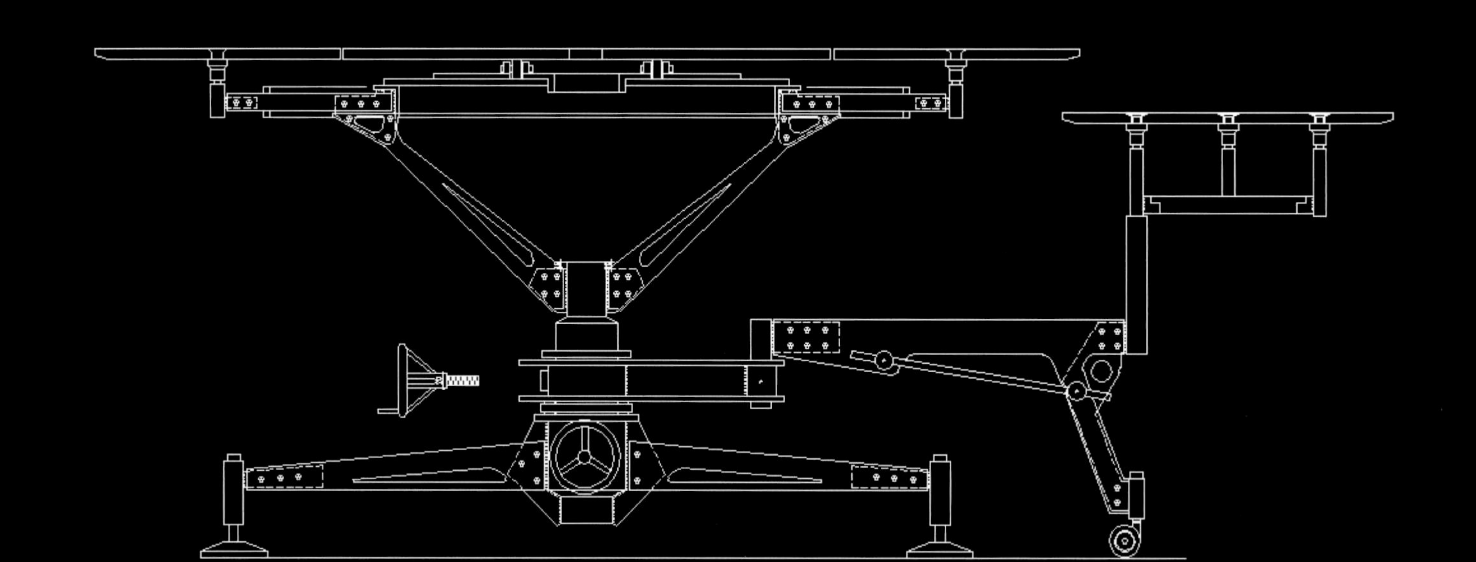

The round table is a symbol of cohesion in unit. The modern version of Knights of the Round Table now gather together to make a concentrated effort to finish every designed works shows that Huang always holds the key to search of Eternity.

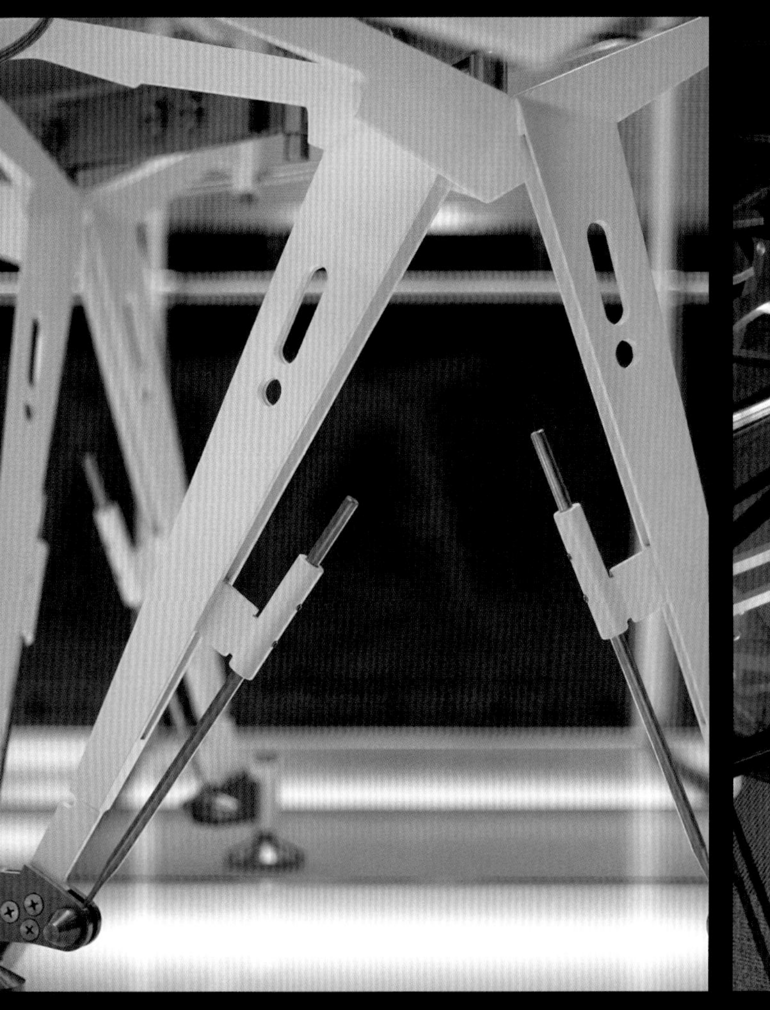

图书在版编目(CIP)数据

黄书恒建筑师/玄武设计隽品集/黄书恒著.
-- 北京:中国林业出版社, 2012.9
ISBN 978-7-5038-6652-4

Ⅰ.①黄… Ⅱ.①黄… Ⅲ.①建筑设计—作品集—中国—现代 Ⅳ.①TU206

中国版本图书馆CIP数据核字(2012)第142057号

作者	黄书恒
文字编辑	林幸蓉、范锦鑫、程歆淳
图片编辑	陈昭月
美术设计	IF OFFICE
推广发行	玄武设计群
版权所有	玄武设计群
地址	台湾台北市110信义路五段150巷2号17楼之2 上海市闵行区七莘路3599弄3号楼605室
电话	+886-2-6636-5788 / +86-21-3468-7899
传真	+886-2-6636-5868
E-mail	sh@sherwood-inc.com
网址	www.sherwood-inc.com

中国林业出版社·建筑与家居图书出版中心

出版	中国林业出版社(100009 北京市西城区德内大街刘海胡同7号)
网址	www.cfph.com.cn
E-mail	cfphz@public.bta.net.cn
电话	(010)83223051
发行	新华书店
印刷	恒美印务(广州)有限公司
版次	2012年9月第1版
印次	2012年9月第1次
开本	230mm × 300mm,1/16
印张	17
字数	200千字
定价	RMB ¥358 USD $56